T0128384

essentials

essentials liefern aktuelles Wissen in konzentrierter Form. Die Essenz dessen, worauf es als „State-of-the-Art" in der gegenwärtigen Fachdiskussion oder in der Praxis ankommt. *essentials* informieren schnell, unkompliziert und verständlich

- als Einführung in ein aktuelles Thema aus Ihrem Fachgebiet
- als Einstieg in ein für Sie noch unbekanntes Themenfeld
- als Einblick, um zum Thema mitreden zu können

Die Bücher in elektronischer und gedruckter Form bringen das Fachwissen von Springerautor*innen kompakt zur Darstellung. Sie sind besonders für die Nutzung als eBook auf Tablet-PCs, eBook-Readern und Smartphones geeignet. *essentials* sind Wissensbausteine aus den Wirtschafts-, Sozial- und Geisteswissenschaften, aus Technik und Naturwissenschaften sowie aus Medizin, Psychologie und Gesundheitsberufen. Von renommierten Autor*innen aller Springer-Verlagsmarken.

Etienne Dietrich · Stefan Georg

Controlling in der Luftfahrt

Ausgewählte Instrumente für den Mittelstand

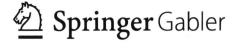 Springer Gabler

Etienne Dietrich
Hofheim am Taunus, Deutschland

Stefan Georg
Quierschied, Deutschland

ISSN 2197-6708   ISSN 2197-6716 (electronic)
essentials
ISBN 978-3-658-38487-6   ISBN 978-3-658-38488-3 (eBook)
https://doi.org/10.1007/978-3-658-38488-3

Die Deutsche Nationalbibliothek verzeichnet diese Publikation in der Deutschen Nationalbibliografie; detaillierte bibliografische Daten sind im Internet über http://dnb.d-nb.de abrufbar.

Planung/Lektorat: Vivien Bender
Springer Gabler ist ein Imprint der eingetragenen Gesellschaft Springer Fachmedien Wiesbaden GmbH und ist ein Teil von Springer Nature.
Die Anschrift der Gesellschaft ist: Abraham-Lincoln-Str. 46, 65189 Wiesbaden, Germany

Was Sie in diesem *essential* finden können

- Darstellung der Besonderheiten mittelständischer Unternehmen
- Beschreibung der Merkmale von Luftfahrtunternehmen
- Nutzungsmöglichkeiten der Deckungsbeitragsrechnung für das Controlling von Luftfahrtunternehmen
- Einsatz des Revenue Managements in der Luftfahrt
- Anwendungsoptionen von Kennzahlen in Unternehmen der Luftfahrt

Inhaltsverzeichnis

Abkürzungsverzeichnis

Abs.	Absatz
Buchst.	Buchstabe
DB	Deckungsbeitrag
EASA	European Aviation Safety Agency
EBAA	European Business Aviation Association
HGB	Handelsgesetzbuch
hrsg.	herausgegeben
Hrsg.	Herausgeber
IfM	Institut für Mittelstandsforschung
KMU	Kleine und mittlere Unternehmen
NBAA	National Business Aviation Association
NER	Netzergebnisrechnung
o. g.	oben genannt
o. J.	ohne Jahr
RM	Revenue Management
SER	Streckenergebnisrechnung
sog.	sogenannt
YM	Yield Management

Abbildungsverzeichnis

Wachstum und Krisen

Luftfahrtunternehmen befinden sich in einem Markt mit hohen Wachstumsraten, doch immer wieder erschüttern Krisen die Luftfahrt.[1] So führt die Covid-19 Pandemie zum größten Einschnitt in der Geschichte der zivilen Luftfahrt: Im April 2020 kam es in der europäischen Business Aviation zu einem Einbruch der durchgeführten Flüge um 71 % im Vergleich zum Vorjahr. Dieser Rückgang hielt auch ein Jahr später noch an, und selbst im April 2021 waren immerhin noch 18 % weniger Flüge zu verzeichnen als im Jahr 2019.[2] Auch die aktuelle weltpolitische Lage im Jahr 2022 wird nicht ohne Auswirkungen auf den Luftverkehr bleiben.

Doch nicht nur krisenbedingte Nachfrageeinbrüche stellen Luftfahrtunternehmen vor Schwierigkeiten. Auch die fortwährende Globalisierung und der zunehmende Marktwettbewerb – vor allem durch Low Cost Airlines – bewirken selbst in Wachstumszeiten immer wieder Insolvenzen von Luftfahrtunternehmen.[3] Besonders betroffen sind mittelständische Unternehmen, die durch Restriktionen ihrer personellen und finanziellen Ressourcen geprägt sind. Folglich fällt es gerade diesen Luftfahrtunternehmen schwer, zeitlich begrenzte Nachfrageeinbrüche auszugleichen. Ohnehin müssen sie im hart umkämpften Markt Strategien entwickeln, um dauerhaft bestehen zu können. Fehlentscheidungen haben für mittelständische Luftfahrtunternehmen oft weitreichende Folgen, und so bedarf es vor allem auch einer effizienten Koordination der knappen Ressourcen.[4]

Als Lösungsansatz bildet das Controlling auch für mittelständische Luftfahrtunternehmen eine notwendige und zunehmend relevante Methodik, um die Effizienz der Unternehmung zu sichern und die Wettbewerbsfähigkeit zu

---

[1] Vgl. Conrady et al. (2019), S. 1.

[2] Vgl. EBAA (2020), S. 2; EBAA (2021), S. 2.

[3] Vgl. Conrady et al. (2019), S. 1 f.; Pompl (2007), S. 8 f.

[4] Vgl. Feldbauer-Durstmüller et al. (2012), S. 408; Ossadnik et al. (2010), S. 16.

E. Dietrich und S. Georg, *Controlling in der Luftfahrt*, essentials, https://doi.org/10.1007/978-3-658-38488-3_1

gewährleisten. Dazu ist es unabdingbar, Abweichungen von Zielgrößen in zeitlicher und planerischer Hinsicht früh zu erkennen und Anpassungsstrategien mit Unterstützung einer Ursachenanalyse zu entwickeln.[5]

Da sich die Literatur weitestgehend mit dem Controlling in Großunternehmen befasst, wird demnach in der vorliegenden Studie untersucht, welche Controllinginstrumente sich auch für mittelständische Luftfahrtunternehmen eignen.[6] Dabei werden ausgewählte Instrumente entlang der besonderen Charakteristika mittelständischer Luftfahrtunternehmen kritisch analysiert und Empfehlungen für die Verwendung dieser Instrumente gegeben. Hierzu werden zunächst die grundlegenden Begriffe Mittelstand und Luftfahrtunternehmen definiert sowie deren jeweiligen Besonderheiten erläutert. Anschließend werden der komplexe Begriff des Controllings dargelegt und die Auswirkungen der jeweiligen Charakteristika von Luftfahrt- und mittelständischen Unternehmen auf das Controlling aufgezeigt.

Die Grundlage diese Studie bilden der aktuelle Stand der Forschung zum Controlling in mittelständischen Unternehmen sowie eine Auswahl der zu analysierenden Instrumente zur Unterstützung der Unternehmenssteuerung. Dazu erfolgt die Analyse der Methoden anhand der jeweiligen Charakteristika von Luftfahrtunternehmen einerseits und mittelständischen Unternehmen andererseits. Hierbei wird der Fokus auf den europäischen Luftverkehrsmarkt gelegt, da die gesetzlichen Anforderungen für Luftfahrtunternehmen weltweit variieren. Des Weiteren wird lediglich die Branche der sogenannten Business Aviation betrachtet, denn gerade in diesem Segment agieren vorwiegend mittelständische Unternehmen.

---

[5] Vgl. Zerres und Zerres (2017), S. 4; Littkemann et al. (2012), S. 47.
[6] Vgl. Klett und Pivernetz (2010), S. 5.

Begriffsabgrenzungen 2

2.1 Mittelstand

2.1.1 Klassifizierung

In Industrienationen wird dem Mittelstand eine hohe volkswirtschaftliche Bedeutung zugeschrieben.[1] 2018 zählten laut der EU-Kommission 99,8 % aller Unternehmen im europäischen Nichtfinanzsektor zu den kleinen und mittleren Unternehmen (KMU).[2] Die Definition des Mittelstands divergiert jedoch grenzüberschreitend und folgt dabei sowohl quantitativen als auch qualitativen Abgrenzungen.[3]

Quantitative Abgrenzung
Aufgrund vieler leicht zugänglicher Daten wird bei Statistiken zum Mittelstand meist einer quantitativen Klassifizierung gefolgt.[4] Hierbei werden vor allem die Merkmale

- Umsatzhöhe,
- Bilanzsumme und
- Mitarbeiteranzahl herangezogen.[5]

---

[1] Vgl. Armitage et al. (2016), S. 32 f.; Ossadnik et al. (2010), S. 15.
[2] Vgl. European Commission (2020), S. 11.
[3] Vgl. Ossadnik et al. (2010), S. 9 & S. 111; Becker et al. (2016), S. 587.
[4] Vgl. Institut für Mittelstandsforschung Bonn (o. J. a), Abs. 1.
[5] Vgl. Ossadnik et al. (2010), S. 10.

© Der/die Autor(en), exklusiv lizenziert an Springer Fachmedien Wiesbaden GmbH, ein Teil von Springer Nature 2022
E. Dietrich und S. Georg, *Controlling in der Luftfahrt*, essentials,
https://doi.org/10.1007/978-3-658-38488-3_2

Größen-klasse	Merkmale	§ 267 / § 267a HGB	EU-Kommission	IfM Bonn
kleinst	Bilanzsumme	bis 0,35 Mio. €	bis 2 Mio. €	-
	Jahresumsatz	bis 0,70 Mio. €	bis 2 Mio. €	bis 2 Mio. €
	Mitarbeiteranzahl	bis 10	bis 9	bis 9
klein	Bilanzsumme	bis 6 Mio. €	bis 10 Mio. €	-
	Jahresumsatz	bis 12 Mio. €	bis 10 Mio. €	bis 10 Mio. €
	Mitarbeiteranzahl	bis 50	bis 49	bis 49
mittel	Bilanzsumme	bis 20 Mio. €	bis 43 Mio. €	-
	Jahresumsatz	bis 40 Mio. €	bis 50 Mio. €	bis 50 Mio. €
	Mitarbeiteranzahl	bis 250	bis 249	bis 499

Abb. 2.1 Quantitative Klassifizierung von KMU[6]

Abb. 2.1 zeigt eine Übersicht der drei gängigen Definitionen des Mittelstands im europäischen Raum, wonach dieser in die Größenklassen Kleinst-, Klein- und mittlere Unternehmen unterteilt wird.

Das Institut für Mittelstandsforschung (IfM) Bonn hat seine Definition 2016 weitestgehend an die der EU-Kommission angepasst. Dennoch werden hiernach auch Unternehmen mit bis zu 499 Mitarbeitern als mittelständisch angesehen, wohingegen das Handelsgesetzbuch in Deutschland engere Grenzen für mittelständische Unternehmen zieht.[7]

Die Klassifizierung nach dem Umsatz oder der Bilanzsumme ist jedoch kritisch zu sehen, da es je nach Branche und Wertigkeit des verkauften Outputs u. a. zu stark unterschiedlichen Umsätzen kommen kann.[8] Um ebendieser Kritik entgegenzuwirken, werden mittelständische Unternehmen auch anhand qualitativer Merkmale eingruppiert.

---

[6] Quelle: Eigene Darstellung in Anlehnung an Ossadnik et al. (2010), S. 11; mit aktuellen Daten aus §§ 267–267a HGB; Anhang Artikel 2 der EU-Empfehlung 2003/361/EG; Institut für Mittelstandsforschung Bonn (o. J. b).

[7] Vgl. Institut für Mittelstandsforschung Bonn (o. J. b).

[8] Vgl. Klett und Pivernetz (2010), S. 3; Ossadnik et al. (2010), S. 10.

Qualitative Abgrenzung

Als wohl wichtigste Eigenschaft der KMU gilt die **Einheit der Leitung, der Kontrolle und des Besitzes** in einer Person oder Personengruppe.[9] Denn meist übernehmen bei diesen Unternehmen der Gründer oder die Gründerfamilie die Unternehmensführung und somit das unternehmerische Risiko. Hieraus folgt zudem die **Eigenständigkeit** der Unternehmung, sprich mindestens 75 % des Unternehmens sind im Besitz des Unternehmers.[10]

Mittelständische Unternehmen haben darüber hinaus vor allem mit **eingeschränkten Ressourcen** zu kämpfen:[11] Finanzielle Mittel sind meist nur begrenzt verfügbar, was wiederum die Abhängigkeit von Fremdkapitalgebern erhöht.[12] Personell gesehen fehlt es oftmals an betriebswirtschaftlichen Spezialisten, und eventuell sind sogar die Gründer selbst und damit auch die Geschäftsführer betriebswirtschaftlich nicht ausreichend ausgebildet.[13]

Entsprechend der geringen Mitarbeiteranzahl sind die Unternehmen zudem **kaum organisatorisch untergliedert** und somit aufbauorganisatorisch überschaubar, was wiederum zu flachen Hierarchien und eingeschränkter Arbeitsteilung führt.[14]

2.1.2 Besonderheiten mittelständischer Unternehmen

In dieser Studie sollen vor allem die Mitarbeiteranzahl und die qualitativen Merkmale zur Abgrenzung genutzt werden, da gerade über diese Aspekte die betriebswirtschaftlichen Besonderheiten des Mittelstands gegenüber Großunternehmen deutlich werden:[15]

• Mittelständische Unternehmen stehen grundsätzlich vor den gleichen Problemen und Entscheidungen wie Großunternehmen.[16] Allerdings sind sie häufig

---

[9] Vgl. Ossadnik et al. (2010), S. 12.

[10] Vgl. Klett und Pivernetz (2010), S. 3 f.

[11] Vgl. Mäder und Hirsch (2017), S. 92.

[12] Vgl. Klett und Pivernetz (2010), S. 5 & S. 139; Ossadnik et al. (2010), S. 13.

[13] Vgl. Lybaert (1998), S. 188; Mäder und Hirsch (2017), S. 91; Ossadnik et al. (2010), S. 13.

[14] Vgl. Mäder und Hirsch (2017), S. 92; Klett und Pivernetz (2010), S. 4 & S. 139; Ossadnik et al. (2010), S. 13.

[15] Vgl. Becker et al. (2016), S. 584.

[16] Vgl. Lybaert (1998), S. 188.

in Nischen aktiv, agieren dabei jedoch teils auch in Konkurrenz zu Großunternehmen und können wegen der begrenzten Ressourcen keine Größenvorteile vorweisen.[17]

- Mittels flacher Hierarchien und kurzer Entscheidungswege überzeugt ein mittelständisches Unternehmen hinsichtlich seiner Flexibilität, was sich vor allem beim Nischenfokus der KMU vorteilhaft auswirkt.[18] Allerdings kommt es dadurch häufig zu einem autoritären Führungsstil und einer Koordination unternehmerischer Entscheidungen durch persönliche Weisung des Unternehmers.[19]

- Durch die mangelhaften personellen Ressourcen ist der Unternehmer stark in die operativen Geschäfte eingebunden. Daraus und aus dem autoritären Führungsstil folgt, dass der Unternehmer oft überlastet ist, strategische Überlegungen vernachlässigt und das Unternehmen vergangenheitsorientiert führt.[20]

- Der Unternehmer stellt die Unternehmensziele auf. Dies birgt die Gefahr, dass sich persönliche und unternehmerische Ziele vermischen. Becker und Ulrich betonen zudem, dass bei Entscheidungen vor allem der Intuition des Unternehmers eine große Rolle zukommt, da es an einer festgeschriebenen Strategie fehlt.[21]

In Abb. 2.2 sind die wichtigsten Charakteristika und mittelständischer Unternehmen zusammengefasst.

2.2   Luftfahrtunternehmen

2.2.1   Klassifizierung

Gemessen am Umsatz kommt den Luftfahrtunternehmen eine weniger große volkswirtschaftliche Bedeutung zu als den mittelständischen Unternehmen insgesamt. 2018 betrug der Umsatzanteil von deutschen Luftfahrtunternehmen

---

[17] Vgl. Klett und Pivernetz (2010), S. 137; Kummert (2005), S. 156.

[18] Vgl. Klett und Pivernetz (2010), S. 4 & S. 139; Pfohl (2013), S. 20.

[19] Vgl. Lingnau und Seewald (2017), S. 67; Ossadnik et al. (2010), S. 14.

[20] Vgl. Klett und Pivernetz (2010), S. 4; Feldbauer-Durstmüller et al. (2012), S. 408; Kummer (2005), S. 156 ff.

[21] Vgl. Becker und Ulrich (2011), S. 65.

Unternehmensführung	• Eigentümerunternehmen • Führung nicht austauschbar • Vermischung persönlicher und unternehmerischer Ziele • Überlastung durch mehrere Funktionen und operative Einbindung • Intuitive, autonome Entscheidungen • Kurzfristiges Denken und Handeln • Fehlendes Know-how
Strategie	• Keine schriftliche Fixierung strategischer Ziele • Planungslücken & mangelndes strategisches Bewusstsein • Nischenfokus
Organisation	• Flache Hierarchie • Kaum organisatorische Untergliederung • Kurze Informations- & Entscheidungswege • Geringer Formalisierungsgrad • Hohe Flexibilität
Personal	• Geringe Mitarbeiteranzahl • Wenig Akademiker vorhanden
Kontroll- und Planungssysteme	• Mangelhaftes Rechnungs- und Informationswesen • Vergangenheitsorientierte Informationsversorgung & Kontrolle
Kultur	• Haupteinflussgröße Unternehmer • Spezielle Personalführung
Finanzierung	• Kaum Zugang zum anonymen Kapitalmarkt • Abhängigkeit von Fremdkapitalgebern

Abb. 2.2 Besonderheiten von mittelständischen Unternehmen[22]

lediglich 0,2 % am Gesamtumsatz der Volkswirtschaft, während KMU insgesamt einen Anteil von 36,0 % am gesamten Umsatz umsatzsteuerpflichtiger Unternehmen in Deutschland erwirtschafteten.[23] Dennoch wird dem Luftverkehr nicht zuletzt wegen seiner großen Reichweite und hohen Geschwindigkeit der Leistungserbringung volkswirtschaftlich eine besondere Bedeutung als Teil des Transportsystems zugeschrieben.[24] Dabei beschreibt der Begriff Luftverkehr „die Gesamtheit aller Vorgänge, die der Ortsveränderung von Personen, Fracht und Post auf dem Luftweg dienen und schließt alle mit der Ortsveränderung unmittelbar und mittelbar verbundenen Dienstleistungen (z. B. Flughäfen, Catering)

---

[22] Quelle: Eigene Darstellung in Anlehnung an Becker und Ulrich (2011), S. 65; Pfohl (2013), S. 19–22.

[23] Daten bezogen von Statista (2021); Institut für Mittelstandsforschung Bonn (o. J. c).

[24] Vgl. Conrady et al. (2019), S. 1.

mit ein."[25] Auch Thießen betont den Luftverkehr als essentiellen Bestandteil moderner Marktwirtschaften.[26]

Als Teil des Luftverkehrs definiert das europäische Parlament **Luftfahrt-unternehmen** als „Lufttransportunternehmen mit einer gültigen Betriebsgeneh-migung."[27] Demnach ist ein Luftfahrtunternehmen für die Beförderung von Personen, Fracht oder Post von A nach B zuständig und muss dabei das konstitutive Merkmal der erteilten Betriebsgenehmigung erfüllen.

Generell wird der Luftverkehr in die Segmente des

- militärischen und
- des zivilen Luftverkehrs unterteilt.

Der zivile Luftverkehr kann zusätzlich in die Bereiche

- gewerblich und
- nicht-gewerblich

unterteilt werden, wobei gewerbliche Flüge gegen Entgelt stattfinden. Zum nicht-gewerblichen Luftverkehr, der sogenannten Allgemeine Luftfahrt, gehören wiederum alle privaten Flüge, der Werksverkehr sowie Überführungsflüge, bei denen die Leistungserbringung ohne ein Entgelt erfolgt.[28]

Der gewerbliche Luftverkehr wird ferner unterteilt in die Bereiche des

- planmäßigen und
- außerplanmäßigen Verkehrs.

Als planmäßig wird dabei der Linienverkehr gesehen, bei welchem die Flüge regelmäßig nach einem veröffentlichten Flugplan erfolgen. Außerplanmäßiger Flugverkehr wird als Gelegenheitsverkehr bezeichnet und findet auf Nachfrage statt. Abb. 2.3 fasst die Klassifizierung des zivilen Luftverkehrs als Überblick zusammen.

In der vorliegenden Studie stehen mittelständische Luftfahrtunternehmen im Mittelpunkt der Analyse, weshalb der Fokus auf Unternehmen aus dem Bereich des Gelegenheitsverkehrs des gewerblichen zivilen Luftverkehrs gerichtet ist. Auf

---

[25] Conrady et al. (2019), S. 2.
[26] Vgl. Thießen (2020), S. 1.
[27] Anhang II – Definitionen – L 66/7 der EU-Verordnung (EG) 437/2003.
[28] Vgl. Conrady et al. (2019), S. 2 ff.; Sheehan (2003), S. 1.1 f.

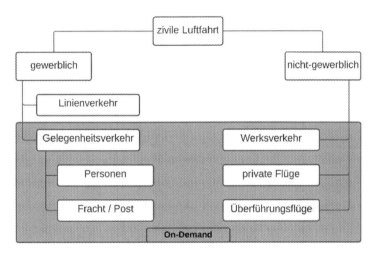

Abb. 2.3 Klassifizierung der zivilen Luftfahrt[29]

den Gelegenheitsverkehr, die sogenannte **Business Aviation,** entfallen immerhin 7,5 % aller Flugbewegungen in Europa.[30] Dagegen wird der Linienverkehr zumeist von großen Luftfahrtgesellschaften bedient, wohingegen laut der National Business Aviation Association (NBAA) 59 % der Unternehmen in der amerikanischen Business Aviation auf mittelständische Unternehmen entfallen.[31]

2.2.2 Besonderheiten Luftfahrtunternehmen

Luftfahrtunternehmen weisen darüber hinaus einige Besonderheiten auf, die sich sowohl in betriebswirtschaftlicher als auch in rechtlicher Hinsicht manifestieren und nachfolgend dargestellt werden. Da die luftrechtlichen Gegebenheiten in Europa durch die European Aviation Safety Agency (EASA) weitestgehend angeglichen wurden, wird der Schwerpunkt in der vorliegenden Studie auf die europäische Luftfahrt gelegt.[32]

---

[29] Quelle: Eigene Darstellung in Anlehnung an Sheehan (2003), S. 1.2 f.

[30] Vgl. Linz et al. (2011), S. 11 & S. 15.

[31] Vgl. NBAA (2015), S. 4.

[32] Vgl. Conrady et al. (2019), S. 20 f.

Die **Nachfrage** im Luftverkehr verhält sich zyklisch und folgt der Wirtschaftsentwicklung. Sie ist somit von konjunkturellen und zeitlichen Schwankungen geprägt. Immer wieder kommt es zu krisenbedingten Nachfrageeinbrüchen. Der Grund hierfür ist im derivativen Charakter der Luftverkehrsnachfrage zu sehen.[33]

Gesetzliche Vorgaben beschränken Luftfahrtunternehmen durch diverse Auflagen auf nationaler und internationaler Ebene:[34]

- Luftfahrtunternehmen müssen sich an die Freiheiten der Luft halten. So herrscht z. B. außerhalb Europas ein Kabotageverbot, sprich inländische Flugverbindungen dürfen nur von einheimischen Luftfahrtunternehmen durchgeführt werden.[35]
- Conrady, Fichert und Sterzenbach betonen zudem, dass das Klimaschutzprogramm CORSIA zukünftig den Emissionsausstoß von Luftfahrtunternehmen regulieren und entsprechende Vorgaben zu einem umfangreichen Berichtswesen erteilen wird.[36] „*Carbon Offsetting and Reduction Scheme for International Aviation* (CORSIA) ist ein globales Klimaschutzinstrument für den internationalen Luftverkehr."[37]
- Die Betriebssicherheit gilt als hohes Gut in der Luftfahrt, weshalb zahlreiche Gesetze und Normen eingeführt wurden, um Luftverkehrsunfälle zu vermeiden. Hierzu zählen bspw. die Wartung von Luftfahrzeugen nach festgeschriebenen Wartungsintervallen durch qualifiziertes Personal,[38] besondere Anforderungen an die Mitarbeiter von Luftfahrtunternehmen (u. a. Wartungspersonal, Piloten, Flugbegleiter) sowie weitreichende Regularien für den eigentlichen Flugbetrieb.[39]
- Zur Erlangung der Betriebsgenehmigung eines Luftfahrtunternehmens sind umfangreiche Anforderungen zu erfüllen.[40] Unter anderem müssen neben

---

[33] Vgl. Pompl (2007), S. 45 f.; Jacobs und Goebel (2020), S. 60; Conrady et al. (2019), S. 13 & S. 99 f.

[34] Vgl. Conrady et al. (2019), S. 2.

[35] Vgl. Conrady et al. (2019), S. 35 & S. 47.

[36] Vgl. Conrady et al. (2019), S. 85 f.

[37] Müller und Georg (2020), S. 43.

[38] Vgl. Georg und Trieb (2020), S. 79 ff.

[39] Vgl. Conrady et al. (2019), S. 92 f.; Linz et al. (2011), S. 12 f.

[40] Vgl. Linz et al. (2011), S. 19.

dem verantwortlichen Betriebsleiter auch speziell ausgebildete Bereichslei-
ter für die Abteilungen Flugbetrieb, Bodenbetrieb, Besatzungsschulung und
Lufttüchtigkeit ernannt werden.[41]

- Zur Aufrechterhaltung der Betriebsgenehmigung sind die Genehmigungsbe-
hörden dazu angehalten, die Finanzlage der Luftfahrtunternehmen regelmäßig
zu überprüfen.[42]

Im Gelegenheitsverkehr finden Flüge **unregelmäßig** und nicht nach einem veröffentlichten Flugplan statt. Vielmehr werden sie ad-hoc, beinahe zufällig gebucht,
während die Flugstrecke vom Kunden bestimmt wird. Das Geschäftsmodell folgt
einem Point-to-Point-Modell, das sich durch Direktflüge zwischen den Flughäfen
auszeichnet. Da im Business Aviation zudem die gesamte Flugzeugkapazität an
einen Kunden gebunden ist, sind hierbei vermehrt Leerflüge von und zur Heimatbasis der Flugzeuge zu beobachten, wodurch es dem Kunden ermöglicht wird,
von seinem individuellen Standort aus zu starten.[43]

Ein Luftfahrtunternehmen wird wie andere Verkehrsbetriebe als **Dienstleis-
tungsbetrieb** klassifiziert.[44] Die Grundleistung ist die Beförderung von Personen
sowie Fracht oder Post von A nach B und stellt damit prinzipiell ein homo-
genes Gut dar. Eine Differenzierung gegenüber der Konkurrenz fällt entsprechend schwer, weshalb zusätzliche Serviceleistungen angeboten werden und die
Zufriedenheit der Kunden oberste Priorität hat.[45] Aufgrund des Dienstleistungs-
charakters und der Immaterialität der Leistung können Luftfahrunternehmen ihre
Erzeugnisse nicht lagern. Zudem muss der Kunde als externer Faktor in den
Produktionsprozess integriert werden. Somit fallen die Erstellung sowie Inan-
spruchnahme der Leistung zum selben Zeitpunkt an. Letztendlich muss die
Leistungsfähigkeit selbst bei Nachfrageschwankungen permanent aufrechterhal-
ten werden.[46]

Durch die permanente Aufrechterhaltung der Leistungsfähigkeit, den ad-hoc
Charakter des Gelegenheitsverkehrs sowie gesetzlich vorgeschriebene Ruhezeiten
für das fliegende Personal entsteht ein hoher Personalbedarf – sowohl bezüglich der Flugzeugbesatzung als auch bezüglich der Mitarbeiter im Verkauf und

---

[41] Vgl. ORO.GEN.210 (b) & ORO.AOC.135 (a) der EU-Verordnung (EU) Nr. 965/2012.

[42] Vgl. Kap. 1, Artikel 8, Abs. 4. der EU-Verordnung (EG) Nr. 1008/2008.

[43] Vgl. Pazourek und Václavíc (2017), S. 47; Conrady et al. (2019), S. 202 & 224.

[44] Vgl. Jacobs et al. (2017), S. 37.

[45] Vgl. Linz et al. (2011), S. 19; Pompl (2007), S. 43 ff.; Pazourek (2011), S. 242.

[46] Vgl. Bruhn und Stauss (2005), S. 5 f.; Conrady et al. (2019), S. 13.

Nachfrage	• Zyklische & schwankende Nachfrage • Krisenbedingte Nachfrageeinbrüche • Unregelmäßige Flüge; kein veröffentlichter Flugplan
Gesetzliche Vorgaben	• Freiheiten der Luft; Kabotageverbot • Klimaschutzprogramme • Normen und Vorgaben zur Erhöhung der Betriebssicherheit • Betriebsgenehmigung bedarf umfangreiche Anforderungen • Überprüfung der Finanzlage durch die Luftfahrtbehörde
Produkt	• Dienstleistungscharakter • Differenzierungsschwierigkeiten • Zusätzlicher Service und Kundenzufriedenheit wichtig • Keine Lagerung • „Point-To-Point"-Verfahren; hohe Anzahl Leerflüge • Hoher Personalbedarf, hoher Fixkostenanteil

Abb. 2.4 Besonderheiten von Luftfahrtunternehmen[49]

in der Einsatzplanung.[47] Entsprechend hoch ist der **Fixkostenanteil** an den Gesamtkosten von Luftfahrtunternehmen.[48]

Diese und weitere Besonderheiten von Luftfahrtunternehmen sind abschließend in Abb. 2.4 im Überblick zusammengefasst.

2.3 Controlling und Controllinginstrumente

2.3.1 Definitionen

Controlling
Das Controlling umfasst eine recht komplexe Methodik zur Unterstützung der Unternehmenssteuerung, die nach wie vor unterschiedlich diskutiert wird und für die in der Literatur keine einheitliche Definition existiert.[50] Technologischer Fortschritt und der digitale Wandel nehmen zudem Einfluss auf die Komplexität des unternehmerischen Controllings.[51] Im Folgenden soll Controlling anhand seiner Aufgaben sowie

---

[47] Vgl. Conrady et al. (2019), S. 143–148.
[48] Vgl. Conrady et al. (2019), S. 13; Pompl (2007), S. 48 ff.
[49] Quelle: Eigene Darstellung.
[50] Vgl. Weber und Schäffer (2020), S. 3; Kummert (2005), S. 127, Georg (2021), S. 12.
[51] Vgl. Sesler und Georg (2020), S. 9 f.

Funktionen abgegrenzt werden, wobei dem dominierenden Begriffsverständnis von Controlling gefolgt wird:

Vom englischen Begriff „control" abgeleitet, bedeutet Controlling weitaus mehr als die reine Kontrolle.[52] Vielmehr ist das Controlling für die **Informationsversorgung der Unternehmensleitung** verantwortlich und schafft eine gewisse Transparenz, indem es gewonnene Informationen verarbeitet und abschließend aufbereitet.[53] Darüber hinaus kommt dem Controlling vor allem die Aufgabe der **Koordination von Unternehmensteilbereichen** zu. Folglich unterstützt das Controlling die Unternehmensleitung nicht nur bei der Entscheidungsfindung, sondern auch bei der Umsetzung dieser Entscheidungen.[54] Das Controlling trifft selbst also keine Entscheidungen, sondern bereitet diese vor und koordiniert sie anschließend.[55]

Durch Planung und Kontrolle von Geschäftsprozessen wird dem Controlling letztendlich auch eine Steuerungsfunktion hinsichtlich der grundsätzlichen **Unternehmenssteuerung** zugeschrieben.[56] Somit hat das Controlling zum Ziel, die Führungseffizienz zu sichern und zu verbessern.[57]

Je nach Augenmerk des Controllings kann dieses in die Bereiche

- operativ oder
- strategisch

differenziert werden. Im Mittelpunkt des **strategischen Controllings** stehen die Unterstützung der strategischen Unternehmensführung und damit das oberste Unternehmensziel: die Sicherung der Unternehmensexistenz. Vor dem Hintergrund des sich verändernden Unternehmensumfelds sollen hierbei Erfolgspotenziale aufgedeckt und gesichert sowie zukünftige Unternehmensaktivitäten geplant und gesteuert werden.[58] Dies geschieht einerseits, indem externe Chancen und Risiken

---

[52] Vgl. Georg (2021), S. 11.

[53] Vgl. Georg (2021), S. 12 f.

[54] Vgl. Littkemann (2018), S. 6; Horváth und Ulrich (2016), S. 47; Gänßlen et al. (2016), S. 73 f.; Kummert (2005), S. 131.

[55] Vgl. Hubert (2019), S. 8.

[56] Vgl. Buchholz (2009), S. 6.

[57] Vgl. Halfmann (2018), S. 8.

[58] Vgl. Georg (2021), S. 18.

den internen Stärken und Schwächen gegenübergestellt werden und andererseits, indem das Unternehmensumfeld und die Marktposition laufend kontrolliert
werden.[59]
   Das **operative Controlling** beschäftigt sich hingegen mit der Unterstützung der
operativen Planung und Unternehmensführung. Das Hauptaugenmerk liegt dabei
auf der Sicherung der Wirtschaftlichkeit des Unternehmens und dem Erreichen des
Gewinnziels. Dazu steht das Unternehmen selbst und seine internen Prozesse besonders im Blickpunkt. Zusätzlich zeichnet sich das operative Controlling durch seinen
Gegenwartsbezug und die Fokussierung auf die Strömungsgrößen Aufwand und
Ertrag, Kosten und Leistungen, Auszahlungen und Einzahlungen sowie Ausgaben
und Einnahmen aus.

Controllinginstrumente
In der Lehre und Forschung zum Controlling stehen oftmals die Instrumente des
Controllings im Mittelpunkt. In Abgrenzung zu individuellen Aufzählungen von
verschiedenen Methoden und Werkzeugen ist sich die Literatur hinsichtlich der Definition von Controllinginstrumenten einig: Demnach sind Controllinginstrumente als
Hilfsmittel definiert, welche zur Erfüllung der o. g. Controllingaufgaben eingesetzt
werden. Hierbei ist jedoch nicht das technische Hilfsmittel in Form eines Computer-
programms gemeint, sondern die methodische Vorgehensweise, welche zur Lösung
der expliziten Controllingaufgaben eingesetzt wird, um letztendlich indirekt die
Controllingziele zu erreichen.[60]
   Ein Controllinginstrument verarbeitet demnach Informationen und bereitet diese
auf, damit das Controlling die höherwertige Information bei ihren Aufgaben weiter-
verwenden kann.[61] Welche Controllinginstrumente letztendlich eingesetzt werden,
hängt von den individuellen Gegebenheiten ab und kann je nach Unternehmen
variieren. Eine Einteilung der Controllinginstrumente kann parallel zum Controlling in strategische und operative Instrumente erfolgen, wobei ein Instrument auch
Merkmale beider Sichten aufweisen kann.[62]
   Um im späteren Verlauf der vorliegenden Studie ausgewählte Controllinginstrumente kritisch analysieren zu können, werden als Nächstes die Auswirkungen der
oben genannten Charakteristika von Luftfahrt- und mittelständischen Unternehmen
auf das Controlling beschrieben.

---

[59] Vgl. hierzu und zu dem folgenden Absatz Littkemann (2018), S. 6 f.; Klett und Pivernetz
(2010), S. 131; Horváth et al. (2020), S. 122 f.
[60] Vgl. Baltzer (2016), S. 98 ff.; Littkemann (2018), S. 35.
[61] Vgl. Baltzer (2016), S. 118 f.; Jonen und Lingnau (2007), S. 7.
[62] Vgl. Littkemann (2018), S. 35.

2.3.2 Controlling im Mittelstand

In mittelständischen Unternehmen herrscht ein ebenso hoher Informationsbedarf wie in Großunternehmen. Die Entscheidungsprobleme sind jedoch wesentlich weniger vorstrukturiert, weshalb das Controlling bei der Informationsbereitstellung vor besonderen Anforderungen steht.[63] Dies wird durch die finanziellen Restriktionen verstärkt, wonach es oftmals an speziell ausgeprägten IT-Systemen zur Unterstützung des Controllings fehlt.[64]

Durch den oftmals autoritären Führungsstil und die geringe Segmentierung der Unternehmen bildet der Unternehmer die alleinige Entscheidungsgewalt.[65] Folglich wird dem Controlling in KMU vermehrt die Informationsfunktion zugesprochen, während die Koordinationsfunktion im Hintergrund bleibt.

Allerdings ist das Controlling nicht nur für die interne Informationsversorgung des Unternehmers zuständig, sondern gerade wegen der geringen finanziellen Ressourcen richtet sich die Informationsfunktion zusätzlich an externe Kapitalgeber. Dem kommt vor allem durch die durch Basel II gewachsenen Anforderungen bei Kreditvergaben ein hoher Stellenwert zu, da vor allem Banken jedes Unternehmen einer Bonitätsprüfung unterziehen müssen.[66]

Wegen personeller Restriktionen und des Involvierens des Unternehmers in die operativen Geschäfte wird die strategische Planung vernachlässigt, obwohl gerade diese für KMU von immenser Bedeutung ist.[67] Demnach wird in mittelständischen Unternehmen in der Praxis vor allem dem operativen Controlling Beachtung geschenkt.[68]

Die geringfügigen personellen Ressourcen sind es auch, die meist einen unprofessionellen Umgang mit Controllinginstrumenten mit sich bringen.[69] So sind oftmals keine speziell ausgebildeten Controller angestellt, weshalb es an Methodenverständnis fehlt, sodass ausschließlich leicht verständliche Controllinginstrumente eingesetzt werden.[70] Um nicht unnötig Ressourcen zu verschwenden, sollen auch nur die Instrumente eingesetzt werden, welche tatsächlich einen

---

[63] Vgl. Ossadnik et al. (2010), S. 14; Zimmermann (2001), S. 54.

[64] Vgl. Hachtel e al. (2016), S. 773 & S. 776; Kummert (2005), S. 157.

[65] Vgl. Ossadnik et al. (2010), S. 9 & S. 12; Hubert (2019), S. 14.

[66] Vgl. Berens et al. (2005), S. 186; Pelz (2019), S. 257.

[67] Vgl. Klett und Pivernetz (2010), S. 136 f.; Littkemann et al. (2012), S. 48 & S. 50.

[68] Vgl. Hachtel et al. (2016), S. 772 f.

[69] Vgl. López und Hiebl (2015), S. 82; Lybaert (1998), S. 174 & S. 188.

[70] Vgl. Littkemann et al. (2012), S. 50.

zusätzlichen Nutzen bereiten.[71] Darüber hinaus bedarf es einer situativen Anpassung der Controllinginstrumente je nach Größe und Branche des Unternehmens.[72]

Da es in mittelständischen Unternehmen oft an einer festgeschriebenen Strategie mangelt, agiert der Controller zunehmend als kritischer Counterpart des Unternehmers.[73] Weber und Schäffer stellen dar, dass der Controller so die Rationalitätsdefizite des Unternehmers – ganz gleich, ob sie durch Nicht-Wollen oder Nicht-Können entstehen – ausgleichen soll.[74] Jedoch fehlt es aufgrund der mangelnden finanziellen und personellen Ressourcen in KMU oftmals an einer eigenständigen Controlling-Instanz, und das Controlling wird zumeist vom Unternehmer selbst durchgeführt, was wiederum den Rationalitätssicherungsgedanken zu Nichte macht.[75]

2.3.3   Controlling in Luftfahrtunternehmen

Parallel zu den Charakteristika der KMU haben auch die Eigenschaften der Luftfahrtunternehmen Folgen für die Ausgestaltung des Controllings:

Aufgrund schwankender und zyklischer Nachfrage muss ein Luftfahrtunternehmen auf unvorhersehbare und plötzlich eintretende Ereignisse vorbereitet sein.[76] Dies spricht für den Einsatz des strategischen Controllings, welches bei der Strategiefindung möglichst viele Eventualitäten berücksichtigen sollte.

Die von der Genehmigungsbehörde vorgeschriebene Managementstruktur bringt einen gewissen Organisationsgrad mit sich und verhindert, dass alle Entscheidungen vom Unternehmer ausgehen.[77] Folglich nimmt die Koordinationsfunktion des Controllings wieder eine höhere Stellung ein als bei anderen mittelständischen Unternehmen.

Gerade wegen der regelmäßigen Prüfung der finanziellen Lage des Luftfahrtunternehmens durch die Genehmigungsbehörde verbringt der Geschäftsführer neben luftfahrtrelevanten Aufgaben einen Großteil seiner Zeit mit finanziellen Themen.[78] Da der Geschäftsführer in mittelständischen Luftfahrtunternehmen

---

[71] Vgl. Baltzer (2016), S. 107 f.

[72] Vgl. Becker und Ulrich (2016), S. 5; Littkemann (2018), S. 40.

[73] Vgl. Weber und Schäffer (2020), S. 40 & S. 327.

[74] Vgl. Weber und Schäffer (2020), S. 28 f.

[75] Vgl. Berens et al. (2005), S. 187.

[76] Vgl. Linz e al. (2011), S. 26.

[77] Vgl. ORO.GEN.210 (b) & ORO.AOC.135 (a) der EU-Verordnung (EU) Nr. 965/2012.

[78] Vgl. Sheehan (2003), S. 4.14.

jedoch das Controlling zumeist selbst übernimmt, ist dieses vor allem auf finanzielle Berichte ausgelegt.

Die größten Auswirkungen auf das Controlling haben jedoch die Dienstleistungseigenschaften der Luftfahrtunternehmen, die es schwierig machen, die Unternehmenssteuerung erfolgsorientiert auszurichten.[79] Durch den hohen Personaleinsatz und die dauernde Leistungsbereitschaft im Unternehmen ist der Fixkostenanteil an den Gesamtkosten groß, was letztlich zu Schwierigkeiten führt, die Prozesseffizienz zu messen.[80]

Das Produkt vieler Luftfahrtunternehmen, die Personenbeförderung, ist aufgrund seiner Immaterialität physisch nicht auf Qualität messbar, und folglich sind subjektive Beurteilungen unvermeidbar. Dementsprechend muss das Controlling alternative Erfolgsgrößen finden, um die Effizienz der unternehmerischen Prozesse evaluieren zu können. Hierbei werden vorökonomische Größen wie z. B. die Kundenzufriedenheit[81] und die Qualitätsbeurteilung des Kunden herangezogen. Um nun die richtigen Erfolgsparameter zu selektieren, sind die Bedürfnisse der Nachfrager relevant.[82] Neben Flexibilität und Pünktlichkeit sind vor allem die Verkürzung der Reisedauer und der Reisekomfort ausschlaggebende Kriterien für Flugreisen. Im Bereich der Business Aviation wird vom Kunden darüber hinaus geschätzt, dass er die Kontrolle über den Flugplan erhält.[83]

Auf Basis dieser Überlegungen lassen sich nun ausgewählte Controllinginstrumente untersuchen und kritisch analysieren.

---

[79] Vgl. Rech (2020), S. 3.
[80] Vgl. Bruhn und Stauss (2005), S. 14; Rech (2020), S. 181.
[81] Vgl. Georg (2021), S. 98 f.
[82] Vgl. Bruhn und Stauss (2005), S. 25–27.
[83] Vgl. Sheehan (2003), S. 2.16 ff.; Conrady et al. (2019), S. 103 ff.

Ausgewählte Controllinginstrumente für die Luftfahrt

3

3.1 Stand der Forschung und Auswahl der Instrumente

Der Bereich der mittelständischen Luftfahrtunternehmen bildet bislang noch einen eher unerforschten Sektor. Die meisten Studien zum Controlling konzentrieren sich entweder auf Luftfahrtunternehmen im Allgemeinen oder auf den Mittelstand. Eine Kombination aus Mittelstand einerseits und Luftfahrt andererseits existiert nur stark eingeschränkt.

Das Gebiet „Controlling im Mittelstand" wurde erst spät vermehrt erforscht. Noch immer sind die Studien in diesem Segment recht fragmentiert, weshalb hier zunächst ein Überblick über die aktuellen Studienrichtungen des Controllings und der Controllinginstrumente im Mittelstand gegeben werden soll.[1]

Die meisten Studien belegen mittels Umfragen, dass in mittelständischen Unternehmen Controlling deutlich weniger ausgeprägt ist als in Großunternehmen und dass die Controllinginstrumente, wenn vorhanden, auch anders genutzt werden als in Großunternehmen.[2] Aufgrund der steigenden Unternehmenskomplexität steigt auch die Verwendung von Controllinginstrumenten mit zunehmender Unternehmensgröße.[3] Gemäß Kosmider ist als Grund hierfür zu nennen, dass die Koordinationsfunktion des Controllings mit größerer Komplexität an Bedeutung gewinnt.[4] Des Weiteren nutzen Unternehmen in der Fertigungsbranche am ehesten Controlling.[5]

---

[1] Vgl. Pelz (2019), S. 260; López/Hiebl (2015), S. 81.

[2] Vgl. López und Hiebl (2015), S. 83 & S. 99.

[3] Vgl. Armitage et al. (2016), S. 65; López und Hiebl (2015), S. 98–101.

[4] Vgl. Kosmider (1991), S. 129.

[5] Vgl. Armitage et al. (2016), S. 60.

© Der/die Autor(en), exklusiv lizenziert an Springer Fachmedien Wiesbaden GmbH, ein Teil von Springer Nature 2022
E. Dietrich und S. Georg, *Controlling in der Luftfahrt*, essentials,
https://doi.org/10.1007/978-3-658-38488-3_3

In der Forschung herrscht Einigkeit darüber, dass sich der Einsatz von Controllinginstrumenten förderlich auf die Gesamtleistung von KMU auswirkt.[6] Dies spiegelt sich z. B. durch Erleichterungen im Entscheidungsprozess oder eine schnellere Anpassung ans Unternehmensumfeld wider.[7]

Die Studien heben zusätzlich hervor, dass die operative Planung und Kontrolle im Mittelstand im Fokus liegen. Folglich wird die Strategiefindung vernachlässigt, was sich wiederum durch eine geringere Anpassungsgeschwindigkeit im globalen Wettbewerb negativ auswirkt. Pavlak und Premysl betonen zudem, dass der Einsatz von strategischem Controlling jedoch die Wettbewerbsfähigkeit und somit durch langfristige Planung auch die finanzielle Stabilität des Unternehmens verbessert.[8]

Die aktuelle Forschung konstatiert eine Lücke im Bereich der Nutzung von Controllinginstrumenten. Es gibt zwar zahlreiche Studien, die durch Befragungen aufzählen, welche Instrumente, aber nicht wie diese Instrumente verwendet werden.[9] Einigkeit besteht darin, dass in der Lehre auf Controllinginstrumente für Großunternehmen eingegangen wird und diese nicht ohne Weiteres im Mittelstand übernommen werden sollen.[10] Wie diese Instrumente an die Gegebenheiten im Mittelstand und der jeweiligen Branche angepasst werden sollen, stellt somit ein Thema für zukünftige Untersuchungen dar.[11]

Im weiteren Verlauf dieser Studie wird diese Forschungslücke aufgegriffen, und so sollen ausgewählte Instrumente für die Nutzung in mittelständischen Luftfahrtunternehmen kritisch analysiert werden. Da der Begriff „mittelständische Luftfahrtunternehmen" recht speziell ist, wird die Eignung der jeweiligen Instrumente anhand der individuellen Charakteristika von Luftfahrtunternehmen und KMU geprüft. Bevor einzelne Instrumente ausgewählt werden, gibt Abb. 3.1 zunächst einen Überblick über aktuelle Befunde aus der Forschung samt einer Auswahl der entsprechenden Studien.

Für die Auswahl der zu analysierenden Instrumente richtet sich diese Studie nach aktuellen Analysen im deutschsprachigen Raum, welche Befragungen zum Verbreitungsgrad von Controllinginstrumenten in mittelständischen Unternehmen durchführten. So besagen Feldbauer-Durstmüller et al., dass ca. 90 %

---

[6] Vgl. Jänkälä und Silvola (2012), S. 517 f.

[7] Vgl. López und Hiebl (2015), S. 106–109; Villarmois und Levant (2011), S. 252; Gul (1991), S. 60.

[8] Vgl. Pavlak und Premysl (2020), S. 367 ff.

[9] Vgl. Armitage et al. (2016), S. 37 & S. 66.

[10] Vgl. Ng et al. (2013), S. 98; Pelz (2019), S. 266.

[11] Vgl. Byrne und Pierce (2007), S. 494; López und Hiebl (2015), S. 111.

Forschungsaussage	Ausgewählte Studien (Autor, Jahr)
Wenig Forschung im Bereich Controlling in KMU.	Armitage/Webb/Glynn (2016); Jänkälä/Silvola (2012); López/Hiebl (2015); Ng/Harrison/Akroyd (2013); Pelz (2019)
KMU nutzen weniger Controlling als Großunternehmen.	Berens/Püthe/Siemes (2005); Brierley (2011); Dávila/Foster (2007); Hudson/Smart/Bourne (2001); Marc et al. (2010); Neubauer et al. (2012)
Controllingnutzung steigt mit Unternehmensgröße.	Armitage/Webb/Glynn (2016); Dávila/Foster (2007); Feldbauer-Durstmüller et al. (2012); Marc et al. (2010); Neubauer et al. (2012)
Weniger Controllingnutzung, wenn Personal geringer ausgebildet.	Halabi/Barrett/Dyt (2010); Marc et al. (2010); Sousa et al. (2005); Thomsen (2008)
Controllinginstrumente müssen angepasst werden.	Armitage/Webb/Glynn (2016); López/Hiebl (2015); Ng/Harrison/Akroyd (2013); Pelz (2019)
Controlling hat positive Auswirkungen auf KMU.	Amat/Carmona/Roberts (1994); Armitage/Webb/ Glynn (2016); Gul (1991); Jänkälä/Silvola (2012); Kober/Subraamanniam/Watson (2012); Peel/Bridge (1998); Pelz (2019); Sousa et al. (2005); Villarmois/Levant (2011)

Abb. 3.1 Überblick ausgewählter Befunde aus der Forschung[12]

der befragten KMU Kennzahlensysteme verwenden.[13] Hachtel, Knauer und Schwering sahen insbesondere die Verwendung der Deckungsbeitragsrechnung als weit verbreitet.[14] Becker und Ulrich bestätigen diese Ergebnisse. Nach ihrer Befragung verwenden über 80 % der untersuchten Unternehmen sowohl die Deckungsbeitragsrechnung als auch Kennzahlensysteme als Controllinginstrumente.[15] Folglich sollen die **Deckungsbeitragsrechnung** und **Kennzahlen** als Controllinginstrumente in mittelständischen Luftfahrtunternehmen kritisch analysiert werden.

Da das **Revenue Management** seinen Ursprung in der zivilen Luftfahrt hat, soll als weiteres Instrument überprüft werden, ob dieses auch für mittelständische Luftfahrtunternehmen als nützliches Instrument gelten kann.[16]

---

[12] Quelle: Eigene Darstellung in Anlehnung an López und Hiebl (2015), S. 96–109.

[13] Vgl. Feldbauer-Durstmüller et al. (2012), S. 410.

[14] Vgl. Hachtel et al. (2016), S. 772.

[15] Vgl. Becker und Ulrich (2009), S. 314.

[16] Vgl. Ng et al. (2013), S. 99; Boyd (2007), S. 182; Georg (o. J. b), Onlinequelle.

3.2 Deckungsbeitragsrechnung

3.2.1 Konzeption

Die Deckungsbeitragsrechnung basiert auf dem Konzept der Teilkostenrechnung und bietet den entscheidenden Vorteil gegenüber einer Vollkostenrechnung, dass rationale Entscheidungen getroffen werden können. So wird mit ihr der Unternehmenserfolg gesteuert, und sie unterstützt Entscheidungen in der operativen Unternehmensführung.[17] Als kurzfristige Erfolgsrechnung trägt sie dazu bei, die Verluste des Unternehmens zu minimieren.[18]

Das Konzept der einstufigen Deckungsbeitragsrechnung überzeugt durch seine Einfachheit.[19] Im diesem simplen Fall wird der Deckungsbeitrag (DB) über die Differenz aus Erlösen und variablen Kosten der einzelnen Bezugsobjekte (z. B. Produktarten) gebildet.[20] Von der Summe der Deckungsbeiträge über alle Bezugsobjekte werden dann die fixen Kosten abgezogen, woraus sich das Betriebsergebnis ableiten lässt.[21]

Derfuß und Höppe verweisen auf die Möglichkeit, die Deckungsbeitragsrechnung auf Basis von Einzelkosten zu nutzen, auf welche folgend das Hauptaugenmerk gelegt wird.[22] Hierbei werden von den Erlösen eines Kostenträgers alle ihm verursachungsgerecht zurechenbaren Kosten, die sog. Einzelkosten, abgezogen. Das Ergebnis bildet den Deckungsbeitrag, welcher zur Deckung der nicht zurechenbaren Gemeinkosten dient. In einem zweiten Schritt wird das Betriebsergebnis gebildet, indem diese Gemeinkosten als Kostenblock von der Summe der Deckungsbeiträge aller Kostenträger abgezogen werden.[23]

Um die Gemeinkostenverrechnung weiter zu verfeinern, wird die mehrstufige Deckungsbeitragsrechnung empfohlen. Hierbei wird eine Art Deckungsbeitragshierarchie gebildet, indem stufenweise Deckungsbeiträge mehrerer Kostenträger addiert werden. Von diesen werden wiederum verbleibende Gemeinkosten abgezogen, welche nur dieser Kostenträgergruppe sachlich zugeordnet werden können.

---

[17] Vgl. Hummel (1995), S. 57 f.; Moisello und Mella (2020), S. 219.

[18] Vgl. Klett und Pivernetz (2010), S. 181; Posluschny (2010), S. 129.

[19] Vgl. Neilsen (1954), S. 93.

[20] Vgl. Georg (o. J. c), Onlinequelle.

[21] Vgl. Hummel (1995), S. 59.

[22] Vgl. Derfuß und Höppe (2018), S. 271.

[23] Vgl. Klett und Pivernetz (2010), S. 192; Behr und Fischer (2005), S. 85; Rieder und Berger-Vogel, S. 27.

Erlöse Produkt A		Erlöse Produkt B	
-	Einzelkosten Produkt A	-	Einzelkosten Produkt B
=	DB I Produkt A	=	DB I Produkt B
-	Gemeinkosten Produkt A	-	Gemeinkosten Produkt B
=	DB II Produkt A	=	DB II Produkt B
	Summe DB II Produkte A & B		
-	Gemeinkosten Produktgruppe A/B		
=	DB III (Produkte A & B)		
-	Gemeinkosten		
=	Betriebsergebnis		

Abb. 3.2 Schema der mehrstufigen Deckungsbeitragsrechnung[25]

Dieses Konzept ist über beliebige Stufen erweiterbar, und auf jeder Stufe können steuerungsrelevante Aussagen zur Wirtschaftlichkeit einzelner Kostenträger bzw. Kostenträgergruppen getroffen werden.[24] Abb. 3.2 zeigt beispielhaft das Schema der mehrstufigen Deckungsbeitragsrechnung auf Basis von Einzelkosten im Zwei-Produkt-Fall.

Große Luftfahrtunternehmen nutzen die Deckungsbeitragsrechnung in spezieller Form als Strecken- (SER) und Netzergebnisrechnungen (NER).[26] Dabei berechnet die SER das Ergebnis einstufig anhand einer einzelnen Flugstrecke, während die NER mehrstufig das Resultat eines ganzen Netzes betrachtet. Bei der Netzergebnisrechnung werden somit auch Zu- und Abbringerflüge einbezogen. Diese können einen möglicherweise negativen Deckungsbeitrag erwirtschaften, im Netzwerk gesamt jedoch eine wichtige Verbundwirkung darstellen.[27] Ob eine derartige Deckungsbeitragsrechnung auch in mittelständischen Luftfahrtunternehmen Anwendung finden kann, soll im Folgenden erläutert werden.

---

[24] Vgl. Hummel (1995), S. 59; Derfuß und Höppe (2018), S. 271 f.; Behr und Fischer (2005), S. 87.

[25] Quelle: Eigene Darstellung.

[26] Vgl. Georg (o. J. a). Onlinequelle.

[27] Vgl. Maurer (2006), S. 415.

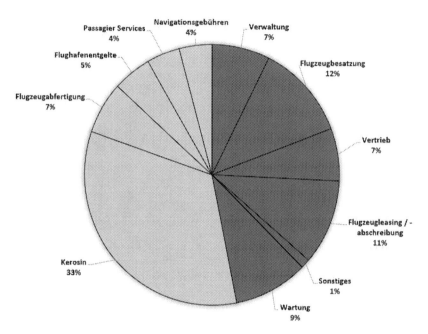

Abb. 3.3 Kostenstruktur von Luftfahrunternehmen[28]

3.2.2 Kritische Analyse zur Deckungsbeitragsrechnung

Grundsätzlich stellt sich ein hoher Fixkostenanteil an den Gesamtkosten für die Deckungsbeitragsrechnung als problematisch dar. Wie Abbildung 7 zeigt, liegt der Fixkostenanteil an den Gesamtkosten in Luftfahrtunternehmen bei nahezu 50 % (dunkelgraue Kostenflächen).

Dementsprechend empfiehlt sich lediglich eine mehrstufige Deckungsbeitragsrechnung nach Einzelkosten, wie sie in Abschn. 3.2.1 dargestellt wurde.[29] Als Kostenträger wären dabei die verschiedenen Luftfahrzeugmuster denkbar. So können z. B. fixe Wartungskosten auch Einzelkosten des jeweiligen Flugzeugtyps darstellen und verursachungsgerecht verrechnet werden. Da Piloten bis zu zwei verschiedene Flugzeugmuster kommerziell bedienen dürfen, kann

---

[28] Quelle: Eigene Darstellung in Anlehnung an IATA (2014), S. 15.
[29] Vgl. Klett und Pivernetz (2010), S. 192; Horváth et al. (2020), S. 287.

es bei der Verrechnung der Besatzungsgehälter allerdings erneut zu einem Verrechnungsproblem kommen.[30]

Die Deckungsbeitragsrechnung verteilt die Gemeinkosten nicht durch einen Schlüssel auf die Kostenträger und eignet sich deshalb für kurzfristige Entscheidungen, für welche die fixen Gemeinkosten nicht relevant sind.[31] Wird z. B. die Entscheidung einer Ausmusterung eines Flugzeugtyps getroffen, so entfallen die fixen Wartungskosten des Flugzeugtyps unmittelbar, während die Gehälter der Piloten, die zwei Flugzeugtypen bedienen, bestehen bleiben. So wäre es kontraproduktiv, die Pilotengehälter nach geflogenen Stunden auf dem jeweiligen Flugzeugtyp aufzuschlüsseln. Entsprechend muss hier das Problem der verursachungsgerechten Zuordnung der Kosten individuell gelöst und die Aufteilung der Kosten je nach Entscheidungsproblematik gegebenenfalls angepasst werden.[32] Grundsätzlich ist jedoch die Anwendung der mehrstufigen Deckungsbeitragsrechnung vorteilhaft, da die Notwendigkeit einer korrekten Aufteilung der fixen Kosten mit dem Anteil dieser steigt.[33]

Die Aussagekraft der Deckungsbeitragsrechnung ist nicht nur von der korrekten Zuteilung der Gemeinkosten abhängig, sondern auch durch die Genauigkeit der Datenerfassung limitiert. Grundsätzlich wird die Datenverfügbarkeit vorausgesetzt, dennoch schrecken mittelständische Unternehmen trotz der einfachen Handhabung von der Deckungsbeitragsrechnung zurück, da sie eine aufwendige Datenbeschaffung vermuten.[34] Dabei können die notwendigen Daten über das ohnehin vorhandene externe Rechnungswesen bezogen werden. Schwierig gestaltet sich dies gegebenenfalls, wenn die Buchhaltung durch einen externen Steuerberater durchgeführt wird.[35] Für ein mittelständisches Luftfahrunternehmen kann jedoch auch eine einfache Kostenerfassung in einer Excel-Tabelle möglich sein, schlagen Hegglin und Kaufmann vor.[36] So oder so bindet die Datenerfassung Ressourcen; sei es den Mitarbeiter, der die Excel-Tabelle pflegt, oder die Buchhaltung, die eventuell ihre Kontierung nach Kostenträgern anpassen muss.

Bislang hat sich in mittelständischen Luftfahrtunternehmen die Verwendung einer Streckenergebnisrechnung bewährt.[37] Demnach werden als Kostenträger die

---

[30] Vgl. EASA (2012), S. 91.

[31] Vgl. Georg (2021), S. 71.

[32] Vgl. Derfuß und Höppe (2018), S. 270 f.

[33] Vgl. Hegglin und Kaufmann (2003), S. 364.

[34] Vgl. Ossadnik et al. (2010), S. 84; Zimmermann (2001), S. 267 f.

[35] Vgl. Ossadnik et al. (2010), S. 74.

[36] Vgl. Hegglin und Kaufmann (2003), S. 364.

[37] Vgl. Georg (o. J. a), Onlinequelle.

jeweils durchgeführten Transportstrecken gesehen. Wie bereits erwähnt, folgt das Geschäftsmodell der Business Aviation einem Point-to-Point-Modell. Im Gegensatz zu großen Fluggesellschaften kommt es entsprechend nicht zum Einsatz einer Netzergebnisrechnung, da sich die Flugrouten nicht regelmäßig wiederholen. Somit gibt es auch kein Verrechnungsproblem von Verbundeffekten durch Zu- oder Abbringerflüge.[38]

Dennoch ist die Aussagekraft einer SER durch volatile Spritpreise und Wechselkursschwankungen begrenzt.[39] Auch saisonal kommt es zu Kostenschwankungen, und so fallen im Winter möglicherweise zusätzliche Flugzeugenteisungskosten an. Folglich kann die gleiche Strecke im Zeitverlauf unterschiedliche Deckungsbeiträge erwirtschaften, wenn ceteris paribus andere Kostenfaktoren unverändert bleiben. Demzufolge gleicht kein Flug dem anderen, und so kommt es vor, dass u. a. Flughafenentgelte im Vorhinein nicht bekannt sind. Ebenso variiert der Treibstoffverbrauch je nach Wind- und Wetterverhältnissen.[40] Somit kann die Deckungsbeitragsrechnung hierbei als vergangenheitsorientiertes Instrument gesehen werden, welches rückwirkend die Wirtschaftlichkeit der Flüge misst, wie Derfuß und Höppe herausstellen.[41]

Die Deckungsbeitragsrechnung vermittelt dennoch einen guten Überblick über die Kosten eines Fluges. Durch die schwankende Nachfrage in der Luftfahrt kann sie entsprechend Aufschluss über temporäre Preisuntergrenzen liefern. So kann bei Unterbeschäftigung in Krisenzeiten oder in der Nebensaison auf den Preiskampf der Konkurrenz reagiert werden.[42] Letztlich trägt jeder positive Deckungsbeitrag dazu bei, die Fixkosten zu auszugleichen.[43]

Verkehrsflugzeugführer unterliegen auch strengen Trainingsvoraussetzungen. So dürfen beispielsweise die, die in den letzten neunzig Tagen keine drei Landungen absolviert haben, keine kommerziellen Flüge durchführen.[44] Bei geringerer Auslastung kann dies unter Umständen dazu führen, dass Trainingsflüge absolviert werden müssen, um die Piloten einsatzfähig zu halten. Demnach kann es durchaus sinnvoll sein, Flüge mit einem neutralen Deckungsbeitrag durchzuführen, um eventuelle Trainingskosten einzusparen.

---

[38] Vgl. Maurer (2006), S. 415; Conrady et al. (2019), S. 392 & S. 405.

[39] Vgl. Linz et al. (2011), S. 15; Conrady et al. (2019), S. 394.

[40] Vgl. Conrady et al. (2019), S. 396.

[41] Vgl. Derfuß und Höppe (2018), S. 282.

[42] Vgl. Klett und Pivernetz (2010), S. 181; Hummel (1995), S. 60.

[43] Vgl. Rieder und Berger-Vogel (2008), S. 27.

[44] Vgl. FCL.060, Buchst. b, Abs. 1 der EU-Verordnung (EU) Nr. 1178/2011.

Alles in Allem bringt die Deckungsbeitragsrechnung Transparenz in die Erfolgsstruktur des Unternehmens und kann zu positiven Ergebnissen in mittelständischen Luftfahrtunternehmen führen.[45] Jedoch muss beachtet werden, dass der Aussagegehalt stark von der Datenqualität und der Zuteilung der Kosten auf die Kostenträger abhängt. Demnach ist das Verfahren der Deckungsbeitragsrechnung nicht einfach aus der Literatur zu übernehmen, sondern auf die jeweiligen Entscheidungsprobleme und Kostenstrukturen der Unternehmung zuzuschneiden. Entsprechend werden personelle Ressourcen gebunden, und der Anwender benötigt ein gewisses Methodenverständnis, um keine falschen Schlüsse aus den Ergebnissen zu ziehen.

Außerdem sollten Entscheidungen nicht alleinig basierend auf den Resultaten einer Deckungsbeitragsrechnung getroffen werden. Vielmehr gibt sie erste Anhaltspunkte über Defizite und Handlungsbedarfe, wohingegen konkrete Entscheidungen jedoch eine nähere Untersuchung benötigen.[46]

3.3 Revenue Management

3.3.1 Konzeption

Als zweites Instrument soll nun das aus der Luftfahrt stammende Revenue Management (RM) betrachtet werden. Dies hat seinen Ursprung in den späten 1970er Jahren, als der amerikanische Luftfahrtmarkt dereguliert wurde. Nachdem die ersten Low-Cost Airlines in den Markt traten, mussten Linienfluggesellschaften ein Mittel finden, um neben der neuen Konkurrenz zu bestehen.[47] Zu Beginn wurde das sog. Yield Management (YM) geschaffen, das in der aktuellen Literatur häufig mit Revenue Management gleichgesetzt wird, während andere Autoren das YM als einen Teil des RM sehen.[48] Der Einfachheit halber wird im Folgenden das Revenue Management als Ganzes betrachtet, ohne auf die Unterschiede zum Yield Management einzugehen.

Das Revenue Management stellt ein Instrument zur Ertragssteigerung im Unternehmen dar. Durch dynamische Steuerung der Preise und Mengen sollen

---

[45] Vgl. Derfuß undHöppe (2018), S. 272.

[46] Vgl. Derfuß und Höppe (2018), S. 282 f.

[47] Vgl. Kimes (1989), S. 348; Weiermair und Peters (2005), S. 398 f.

[48] Vgl. Ng et al. (2013), S. 99; Jones et al. (2012), S. 93.

Kapazitäten gewinnoptimal ausgenutzt werden.[49] Es folgt dem Prinzip, die Konsumentenrente bestmöglich abzuschöpfen und alle Preisbereitschaften der Kunden beim Verkauf von Flugtickets zu berücksichtigen.[50] Dabei verfolgt das Revenue Management das Ziel, die Gesamterlöse zu maximieren.[51]

Die zwei Kernelemente des Revenue Managements sind einerseits

* die Überbuchung von Flügen sowie
* andererseits eine Marktsegmentierung mit Preisdifferenzierung,

gefolgt von einer Nachfragelenkung im Zeitverlauf.[52] Die Grundidee besteht darin, dass ein Linienflug unabhängig seiner Auslastung stattfindet. Die Kapazitäten eines Linienfluges sind also weitestgehend starr, und entsprechend fallen auch die in Abbildung 7 in Abschn. 3.2.2 noch als variabel erwähnten Kosten dann zum größten Teil als Fixkosten an, denn ein zusätzlicher Passagier generiert u. a. nur unwesentlich höheren Treibstoffverbrauch.[53] Somit ist jeder leergebliebene Sitzplatz ein verlorener Beitrag zur Deckung der nahezu kompletten Flugkosten.[54]

Um kurzfristige Umbuchungen oder Stornierungen von Sitzplätzen auszugleichen, führen Linienfluggesellschaften **Überbuchungen** der Flüge durch. Denn ohne dieses Mittel würden bei einem ausgebuchten Flug bis zu 15 % der Sitzplätze leer bleiben. Das Risiko dabei ist jedoch, dass die Überbuchungsrate nicht exakt bestimmt wird und tatsächlich mehr als die vorhandene Flugzeugkapazität an Passagieren erscheint, was wiederrum zu Kompensationszahlungen und entsprechendem Verlust führt. Die exakte Überbuchungsrate kann jedoch nur individuell mit Hilfe von Prognosemodellen auf Grund von Erfahrungswerten aus der Vergangenheit kalkuliert werden. Hierfür sind umfangreiche IT-Systeme notwendig, worauf Smith, Leimkuhler und Darrow hinweisen.[55]

Um Linienflüge möglichst voll auszulasten, könnten Luftfahrtgesellschaften die Flugtickets zu einem günstigen Einheitspreis anbieten. Dies würde jedoch gegen eine Ertragsoptimierung sprechen, denn jeder Fluggast hat potenziell eine

[49] Vgl. Maurer (2006), S. 336; Kimes (1989), S. 348.

[50] Vgl. Hoberg (2008), S. 61; Bruhn und Stauss (2005), S. 16.

[51] Vgl. Conrady et al. (2019), S. 365.

[52] Vgl. Smith et al. (1992), S. 9; Conrady et al. (2019), S. 369.

[53] Vgl. Hoberg (2008), S. 58 & S. 61; Conrady et al. (2019), S. 367.

[54] Vgl. Smith et al. (1992), S. 11.

[55] Vgl. Smith et al. (1992), S. 11 ff.

andere Zahlungsbereitschaft für den Flug.[56] Entsprechend werden zusätzlich eine **Preisdifferenzierung** durch **Marktsegmentierung** durchgeführt und die **Nachfrage im Zeitverlauf** gesteuert.[57] Der Markt kann vereinfacht in die zwei Segmente der

- Geschäftsreisenden und der
- Freizeitreisenden

differenziert werden. Freizeitreisende sind sowohl preissensibel als auch flexibel im Flugdatum und buchen weit im Voraus der Reise. Hingegen sind Geschäftsreisende preisunsensibel, jedoch unflexibler im Flugdatum und buchen dabei tendenziell kurzfristig. Dementsprechend wird eine Preisdifferenzierung durch Bildung von Buchungsklassen durchgeführt. Die Unterteilung in die gängigen Beförderungsklassen First-, Business- und Economy-Class ist damit jedoch nicht gemeint. Diese stellen eher unterschiedliche Produkte dar. Vielmehr wird eine Beförderungsklasse in mehrere Buchungsklassen unterteilt, für die im Zeitverlauf unterschiedliche Kontingente angeboten werden. So kann unter Buchungsklassen eine Klassifizierung z. B. nach Tickets mit Sonderkonditionen, wie etwa kostenlose Umbuchung, verstanden werden, aber auch Tickets mit unterschiedlichen Preisnachlässen sind denkbar.[58]

Vereinfachend ergibt sich aus der zeitlichen Nachfragesteuerung das Problem, ob ein ermäßigtes Ticket sicher zum früheren Zeitpunkt verkauft oder diese Anfrage abgelehnt werden soll, um eine mögliche Abgabe zum Vollpreis zu einem späteren Zeitpunkt zu ermöglichen.[59] Dieses Entscheidungsproblem kann mittels des Entscheidungsbaums in Abb. 3.4 erklärt werden. Je nach Buchungswahrscheinlichkeit und möglichem Erlös bestimmt der Erwartungswert, ob eine günstigere Buchung erlaubt oder der Sitzplatz für eine höherwertige Buchung reserviert wird.[60]

Werden nun unbegrenzt Plätze zum Sparpreis angeboten, wird der Ertrag nicht optimiert, denn Geschäftsreisende mit höherer Zahlungsbereitschaft würden später keinen Sitzplatz mehr erhalten. Werden hingegen zu viele Plätze zurückgehalten, so bleiben diese gegebenenfalls später unverkauft. Entsprechend wird

---

[56] Vgl. Maurer (2006), S. 336; Hoberg (2008), S. 61.

[57] Vgl. Conrady et al. (2019), S. 369.

[58] Vgl. Conrady et al. (2019), S. 369 ff.; Hamzaee und Vasigh (1997), S. 64; Maurer (2006), S. 339 f.

[59] Vgl. Georg (o. J. d), Onlinequelle.

[60] Vgl. Conrady et al. (2019), S. 363 f.

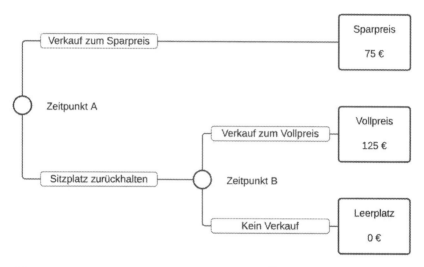

Abb. 3.4 Entscheidungsbaum des Revenue Managements[61]

das Kontingent der jeweiligen Buchungsklassen im Zeitverlauf an die aktuelle Nachfrage angepasst. Ist die Nachfrage gering, so wird die Kapazität der günstigen Buchungsklassen ausgedehnt, um das Flugzeug zu füllen. Ist die Nachfrage dagegen hoch, so werden die günstigen Kapazitäten zu Gunsten der teureren reduziert.[62] Durch den optimalen Mix aus Voll- und Sparpreiszahlern wird dementsprechend der Ertrag des Fluges optimiert.[63]

Wird ein Freizeitreisender zum Zeitpunkt A nun abgewiesen, so kann es sein, dass er den teureren Tarif für Geschäftsreisende akzeptiert. Es besteht jedoch auch das Risiko, dass der Kunde zur Konkurrenz abwandert.[64] Für das Revenue Management sind deshalb Marktkenntnisse sowie eine ausgiebige Analyse des vergangenen Buchungsverhaltens nötig. Darüber hinaus kann ein RM nur durch hoch komplexe Software durchgeführt werden, da Prognosewerte und Buchungswahrscheinlichkeiten laufend nachkalkuliert werden.[65]

---

[61] Quelle: Eigene Darstellung in Anlehnung an Vasigh et al. (2008), S. 299.

[62] Vgl. Conrady et al. (2019), S. 370 f.; Maurer (2006), S. 336 & S. 367 f.

[63] Vgl. Hamzaee und Vasigh (1997), S. 64.

[64] Vgl. Conrady et al. (2019), S. 373 f.

[65] Vgl. Conrady et al. (2019), S. 384 ff.; Shields (2005), S. 44.

• Nicht lagerfähige & homogene Güter	• *Marktsegmentierung*
• Verkaufs- vor Nutzungszeitpunkt	• *Niedrige Grenz-, hohe Fixkosten*
• Schwankende Nachfrage	• Feste Kapazitäten

Abb. 3.5 Branchencharakteristika des Revenue Managements[69]

Die oben genannten Kernelemente des Revenue Managements werden um weitere Aspekte wie z. B. verkehrs- und verkaufsstrombezogene Buchklassensteuerungen erweitert, um u. a. Verbundeffekte durch Umsteiger zu berücksichtigen. Da die Business Aviation jedoch einem Point-to-Point-Modell ohne Umsteigeverbindungen folgt, soll dies hier unberücksichtigt bleiben.[66]

3.3.2 Kritische Analyse des Revenue Managements

Revenue Management hat seinen Ursprung in der Luftfahrtbranche, und Linienfluggesellschaften verzeichneten dadurch eine Erlössteigerung von bis zu 5 %.[67] Auch mittelständische Unternehmen nutzen heutzutage Revenue Management erfolgreich, jedoch können die Systeme nicht ohne Anpassungen an die jeweilige Branche übernommen werden.[68] Ob die Techniken des RM der großen Linienfluggesellschaften auch auf mittelständische Luftfahrtunternehmen übertragbar sind und wie sie möglicherweise angepasst werden sollten, wird in diesem Kapitel analysiert.

In Abb. 3.5 sind die fürs Revenue Management sinnvollen Branchencharakteristika dargestellt. Der Sektor des Gelegenheitsverkehrs, in dem mittelständische Luftfahrtunternehmen tätig sind, erfüllt diese größtenteils.

Da die komplette Flugzeugkapazität auf einen Kunden entfällt, wird der Punkt der niedrigen Grenzkosten im Bereich der Business Aviation jedoch nicht erfüllt. Denn ein Flug wird hier nur durchgeführt, wenn tatsächlich eine Buchung vorliegt. Somit entstehen die variablen Kosten des Fluges auch nur dann, wenn dieser de facto stattfindet. Dies unterscheidet den Bereich Business Aviation von einem Linienflug, welcher unabhängig von der Buchungsauslastung durchgeführt

---

[66] Vgl. Conrady et al. (2019), S. 369; Smith et al. , S. 9 f.

[67] Vgl. Donaghy et al. (1995), S. 140; Belobaba und Wilson (1997): S. 3.

[68] Vgl. Kimes (1989), S. 360; Shields (2005), S. 49.

[69] Quelle: Eigene Darstellung in Anlehnung an Conrady et al. (2019), S. 366 f.

wird und bei dem die im Linienflugverkehr entstehenden variablen Kosten nun weitestgehend fix anfallen. Dementsprechend darf bei mittelständischen Luftfahrt-unternehmen nicht nur die Erlösseite betrachtet, sondern die Kostenseite nicht außer Acht gelassen werden. Somit sollte hier das Revenue Management keiner Erlös-, sondern einer Deckungsbeitragsmaximierung folgen.[70]

Auch eine Marktsegmentierung im Bereich Business Aviation gestaltet sich schwierig. Aufgrund der hohen Kosten eines Privatfluges sind die Nachfrager bewusst nicht preissensibel. Zwar kann eine Segmentierung in Unternehmen, die eine Geschäftsreise buchen, und Privatpersonen, die in den Urlaub fliegen, vorgenommen werden. Dennoch werden beide Kundengruppen bezüglich des Reisedatums nicht flexibel sein. Vielmehr erwartet der Kunde Flexibilität des Luftfahrtunternehmens, sodass eine Reise gegebenenfalls kurzfristig um mehrere Stunden verlegt werden kann.[71]

Eine derartig erwartete Flexibilität spricht jedoch gegen das Mittel der Über-buchung. Da ein Kunde die komplette Kapazität eines Flugzeuges bucht, ist eine Kundenabwanderung anzunehmen, wenn dieser aufgrund von Überbuchung nicht transportiert werden könnte. Vielmehr müssten Kapazitäten zurückgehalten werden, um flexibel auf Verschiebungen des Kunden reagieren zu können. Eine Einführung von Flugzeugklassen, ähnlich den Fahrzeugklassen in der Mietwagen-branche, würde dem Luftfahrtunternehmen zwar Flexibilität in der Zuteilung des jeweiligen Flugzeuges geben, ist jedoch schwierig umzusetzen. Es ist denkbar, dass der Kunde ein bestimmtes Flugzeugmuster wünscht. Ebenso variieren die operationellen Kosten der jeweiligen Flugzeugmuster stark, sodass im Falle einer Überbuchung ein Upgrade in eine höhere Flugzeugklasse kaum einen positiven Deckungsbeitrag erwirtschaften würde. Aufgrund der geringen Kapitalstärke von mittelständischen Luftfahrtunternehmen ist die Flottenanzahl ohnehin eher gering, und auch die unterschiedlichen Flugzeugtypen innerhalb einer Preisklasse sind überschaubar, um Personalkosten bei der Flugbesatzung zu sparen. Des Weiteren müsste eine derartige Strategie bereits bei der Flottenplanung berücksichtigt wer-den. Strategische Planung unterbleibt in mittelständischen Unternehmen aufgrund der personellen Ressourcenrestriktionen jedoch meist.[72]

Gegen die Preisdifferenzierung spricht außerdem, dass in mittelständischen Unternehmen preispolitische Entscheidungen häufig anhand des Verhaltens der

---

[70] Vgl. Conrady et al. (2019), S. 224 & S. 366; Hoberg (2008), S. 58 ff.

[71] Vgl. Pazourek und Václavíc (2017), S. 47; Conrady et al. (2019), S. 253 ff.; Sheehan (2003), S. 2.17.

[72] Vgl. Conrady et al. (2019), S. 252; Sheehan (2003), S. 1.28; Becker et al. (2016), S. 587; Imhof (2012), S. 618.

Konkurrenz gefällt werden. Je nach Marktposition und Mitbewerbern sind mittelständische Luftfahrtunternehmen nicht in der Lage, die Marktpreise zu verändern und agieren daher als Preisfolger. Die Einführung eines klassischen Revenue Managements, bei dem der Preis im Zeitverlauf variiert, kann somit zu Problemen bei der Akzeptanz durch die Kunden führen. Demzufolge sind neben Fingerspitzengefühl und einem guten Kundenkontakt auch umfangreiche Informationen über die Verkaufsmärkte nötig.[73]

Gerade der hohe Informationsbedarf bei der Anwendung des Revenue Managements bereitet mittelständischen Unternehmen Probleme. Denn um z. B. die Buchungswahrscheinlichkeit näherungsweise zu bestimmen, sind genaue Prognosen für die zukünftige Nachfrage aufzustellen.[74] Hierfür müssen interne Daten akquiriert und Marktforschung betrieben werden, um die nötigen Informationen (wie u. a. Flugplan- und Buchungsdaten sowie Marktsituation und Konkurrenzverhalten) zu gewinnen.[75] Es ist offensichtlich, dass mittelständischen Unternehmen hierzu die personellen und finanziellen Ressourcen fehlen. Aufgrund des meist kurzen Bestands von KMU sind intern oftmals zu wenig vergangenheitsbezogene Daten vorhanden. Doch auch die Eingliederung des Unternehmers im operationellen Tagesgeschäft führt dazu, dass Daten von Kunden häufig informal aufgenommen, vom Unternehmer direkt verarbeitet und nicht gesammelt werden.[76]

Neben der Informationsbeschaffung bereitet den mittelständischen Unternehmen auch die Datenverarbeitung Schwierigkeiten.[77] Denn die gesammelten Daten müssen analysiert und mittels mathematischer Techniken modelliert werden, um Vorhersagen treffen zu können.[78] Hierfür sind nicht nur zwingend hochkomplexe IT-Systeme, sondern auch Personal mit entsprechendem Methodenverständnis für diese Systeme nötig.[79] Jedoch fehlen in mittelständischen Unternehmen sowohl die finanziellen Ressourcen für die Programme als auch die personellen Ressourcen für Personalschulungen, um das nötige Verständnis zur Anwendung von RM zu gewährleisten.[80]

---

[73] Vgl. Weiermair und Peters (2005), S. 402; Conrady et al. (2019), S. 368; Ng et al. (2013), S. 100.

[74] Vgl. Smith et al., S. 14; Conrady et al. (2019), S. 364.

[75] Vgl. Conrady et al. (2019), S. 384 f.; Weiermair und Peters (2005), S. 401 f. & S. 406.

[76] Vgl. Ng et al. (2013), S. 101 ff.; Weiermair und Peters (2005), S. 408.

[77] Vgl. Weiermair und Peters (2005), S. 406.

[78] Vgl. Shields (2005), S. 44; Belobaba (1987), S. 72; Ng et al. (2013), S. 99.

[79] Vgl. Weiermair und Peters (2005), S. 406; Conrady et al. (2019), S. 385.

[80] Vgl. Ng et al. (2013), S. 102 f.; Kimes (1989), S. 361.

KMU haben folglich eine suboptimale Größe, um das vollwertige Revenue Management der großen Linienfluggesellschaften unverändert zu übernehmen. Dennoch können mittelständische Luftfahrtunternehmen ihre Deckungsbeiträge optimieren, indem sie Leerflüge von und zur Heimatbasis des Unternehmens vermindern. Flugbesatzungen könnten demnach am Zielflughafen der Passagiere übernachten oder, wenn nötig, mittels Linienflüge dort ausgetauscht werden, um so teure Leerflüge zur Heimatbasis zu vermeiden und den Deckungsbeitrag durch Kostenminimierung zu steigern. Neben der Kostenverringerung kann so auch die Auslastung der Flugzeuge gesteigert werden, indem der jeweilige Standpunkt des Flugzeuges bei der Preiskalkulation berücksichtigt wird, denn die Preise berechnen sich marktüblich anhand der geflogenen Flugstunden. Je nach Buchungsvorlauf und Auslastung können so vergünstigte Preise angeboten werden, indem das Flugzeug mit der besten Lage zum Abholort des Kunden eingesetzt wird. Letzteres bedarf jedoch, dass die Buchung kurzfristig erfolgt und der Flugplan für die vorherigen Tage weitestgehend feststeht. Ebenso ist es zweckdienlich, dass Mitarbeiter für die Kostenstruktur des Luftfahrtunternehmens sensibilisiert werden und ein entsprechendes betriebswirtschaftliches Verständnis für die Preiszusammensetzung entwickeln.[81]

Im Gegensatz zur Deckungsbeitragsrechnung eignet sich das klassische Revenue Management nicht für den Einsatz in mittelständischen Luftfahrtunternehmen. Allerdings können mit gezielten Anpassungen an die Gegebenheiten des Unternehmens und einem vielfach vereinfachten Revenue Management Verfahrens die Deckungsbeiträge optimiert werden. Jedoch gilt auch hier, dass eine bloße Übernahme der Nutzungsweise aus Großunternehmen nicht möglich ist.

3.4   Kennzahlen

3.4.1   Konzeption

Da Kennzahlen nicht nur in Großunternehmen zu den wichtigsten Instrumenten im Controlling zählen, sondern ihre Verwendung auch im Mittelstand weit verbreitet ist, werden sie abschließende als Controllinginstrument näher betrachtet.[82]

---

[81] Vgl. Weiermair und Peters (2005), S. 408; Pazourek und Václavíc (2017), S. 47; Conrady et al. (2019), S. 255 & S. 259.

[82] Vgl. Littkemann (2018), S. 38; Feldbauer-Durstmüller et al. (2012), S. 410.

Kennzahlen bilden Informationen ab, welche betriebliche Sachverhalte, die quantitativ erfassbar sind, in konzentrierter Form darstellen. Sie dienen damit der einfachen Darstellung von komplexen Sachverhalten und ermöglichen somit einen schnellen Überblick über die Sachlage.[83] Neben ihrer Informationsfunktion agieren Kennzahlen als Kontroll- und Steuerungsinstrument, indem sie

- Unternehmensziele operationalisieren,
- Zielwerte vorgeben und
- durch Soll-Ist-Kontrollen Abweichungen darstellen,

um frühzeitig Kontrollmaßnahmen zu ermöglichen.[84]

Differenziert werden Kennzahlen in absolute und relative sowie monetäre und nicht-monetäre Kennzahlen. Dabei werden **absolute** Kennzahlen als Einzelwerte, Summen, Differenzen oder Mittelwerte ausgewiesen. **Relative** Kennzahlen setzen hingegen zwei Einzelwerte ins Verhältnis. Hierbei wird zwischen Gliederungs-, Beziehungs- und Indexzahlen unterschieden:[85]

- Gliederungskennzahlen setzen eine Teilgröße ins Verhältnis zur jeweiligen Gesamtgröße (z. B. Eigenkapital zu Gesamtkapital).
- Beziehungskennzahlen betrachten dagegen das Verhältnis zweier unterschiedlicher Größen, wobei zwischen den Größen zumindest ein sachlogischer Zusammenhang bestehen sollte (z. B. Gewinn zu Eigenkapital).
- Indexkennzahlen setzen zwei gleichartige Größen ins Verhältnis zueinander, wobei die Basisgröße mit 100 % gleichgesetzt wird (z. B. Gewinn Jahr 2 zu Gewinn Jahr 1, wobei Gewinn Jahr 1 mit 100 % gleichgesetzt wird).

Einzelne Kennzahlen allein haben jedoch eine recht geringe Aussagekraft, weshalb sie vor allem als Vergleichszahlen verwendet werden. Ein Zeitvergleich demonstriert die Entwicklung von Kennzahlen im Zeitverlauf, während Soll-Ist-Vergleiche Abweichungen der aktuellen Kennzahlen von vorgegebenen Zielkennzahlen darstellen. Betriebsvergleiche dienen hingegen dazu, Kennzahlen der eigenen Unternehmung mit Kennzahlen von vergleichbaren Unternehmen zu vergleichen.[86]

---

[83] Vgl. Littkemann (2018), S. 38.

[84] Vgl. Horváth et al. (2020), S. 307; Hubert (2019), S. 104; Ossadnik et al. (2010), S. 157.

[85] Vgl. hierzu und folgend Horváth et al. (2020), S. 307 f.; Littkemann (2018), S. 38; Georg (2021), S. 83 f.

[86] Vgl. Hummel (1995), S. 71 f.; Klett und Pivernetz (2010), S. 32 ff.

So einfach sich Kennzahlen darstellen lassen, so viele Kennzahlen gibt es mittlerweile. Deshalb sollen im nächsten Abschnitt nach einer allgemeinen Kritik am Controllinginstrument ausgewählte Kennzahlen aufgezeigt und kritisch analysiert werden.[87]

3.4.2 Kritische Analyse

Allgemeine Kritik

Grundsätzlich können Kennzahlen den intuitiven Bauchentscheidungen der Unternehmer in mittelständischen Unternehmen entgegenwirken und die Entscheidungsfindung unterstützen. So tragen sie dazu bei, dass die Entscheidungsqualität steigt.[88] Allerdings ersetzen Kennzahlen andere Controllinginstrumente nicht und sollen demnach nur einen ersten Überblick über betriebliche Sachverhalte geben.[89]

Zwar überzeugen Kennzahlen mit ihrer einfachen Handhabung und können gerade wegen der kurzen Entscheidungswege in KMU einfach implementiert werden, dennoch sollte die Anzahl verschiedener Kennzahlen limitiert werden. Die Verwendung zu vieler Kennzahlen kann sowohl zu einer Überlastung bei der Datenerhebung führen als auch die Entscheidungsqualität verschlechtern. Folglich sollen im Mittelstand nur die Kennzahlen verwendet werden, die auch tatsächlich für die Zielerreichung relevant sind und welche auch mit den vorhandenen Systemen generiert werden können.[90]

Der Aussagegehalt von Kennzahlen hängt von der Qualität der erhobenen Daten ab.[91] In mittelständischen Unternehmen werden Daten aus verschiedenen Programmen verwendet, und es gibt meist keine zentrale Datenhoheit.[92] Folglich werden Kennzahlen möglicherweise unterschiedlich definiert, und so kann es zu Fehlern in der Datenerhebung kommen.[93] Gerade die Restriktionen in den personellen Ressourcen führen dazu, dass oft keine spezialisierten Mitarbeiter vorhanden sind, welche die richtigen Ursache-Wirkungs-Beziehungen zwischen den Kennzahlen herstellen können.[94] Folglich sind Interpretationsmängel möglich, was wiederrum

---

[87] Vgl. Klett und Pivernetz (2010), S. 31 f.

[88] Vgl. Becker und Ulrich (2017), S. 144; Nastasiea und Mironeasa (2016), S. 51.

[89] Vgl. Reinecke und Geis (2005), S. 295; Georg (2021), S. 110.

[90] Vgl. Hartmann und Schönherr (2015), S. 43 ff.; Nastasiea und Mironeasa (2016), S. 48.

[91] Vgl. Hartmann und Schönherr (2015), S. 43.

[92] Vgl. Schön (2016), S. 134.

[93] Vgl. Hartmann und Schönherr (2015), S. 43; Reinecke und Geis (2005), S. 296.

[94] Vgl. López und Hiebl (2015), S. 82; Ossadnik et al. (2010), S. 159.

zu Fehlentscheidungen führen kann.[95] Deshalb empfiehlt es sich, die Mitarbeiter zu schulen, um ein einheitliches Verständnis zu gewährleisten.[96]

Um Branchenvergleiche aussagekräftig durchzuführen, sollten Vergleiche nur mit Unternehmen gezogen werden, welche eine ähnliche Unternehmensgröße sowie Rechtsform besitzen. Im Mittelstand stellt sich ein Branchenvergleich oft schwierig dar, da Betriebe meist nicht die Größe besitzen, die zur Veröffentlichung von Jahresabschlüssen verpflichtet. Auch werden Unternehmen ihre Daten wohl kaum freiwillig der Konkurrenz zum Vergleich bereitstellen.[97] Gerade in der Luftfahrt kommt erschwerend hinzu, dass die Flottenstruktur von Vergleichsunternehmen stark divergieren kann. Dies führt u. a. zu unterschiedlichen Streckennetzen und Flughöhen.[98] Darüber hinaus kommt es bei internationalen Vergleichen zu Verzerrungen durch Wechselkursschwankungen oder unterschiedliche Inflations- und Lohnniveaus.[99] Folglich erweisen sich Betriebsvergleiche für mittelständische Luftfahrtunternehmen als problematisch und sollten nur zu einer groben Einordnung der eigenen wirtschaftlichen Situation verwendet werden.[100]

Aufgrund der leicht erfassbaren finanziellen Daten aus dem externen Rechnungswesen und dem nicht zwingend vorhandenen internen Rechnungswesen fokussieren sich die Kennzahlen in mittelständischen Unternehmen auf klassische Finanzkennzahlen.[101] Monetäre Kennzahlen vernachlässigen jedoch die Markt- und Kundenorientierung, welche vor allem im zunehmenden Wettbewerbsumfeld an Bedeutung gewinnen.[102] Deshalb sind für eine umfassende Ergebnissteuerung neben monetären Kennzahlen auch nicht-monetäre Kennzahlen nötig.[103] Dies stellt KMU vor eine weitere Herausforderung, da die Generierung nicht-monetärer Kennzahlen wertvolle Ressourcen bindet.

---

[95] Vgl. Reinecke und Geis (2005), S. 296; Siegwart (1992), S. 148 f.

[96] Vgl. Hartmann und Schönherr (2015), S. 52.

[97] Vgl. Posluschny (2010), S. 25; Klett und Pivernetz (2010), S. 34.

[98] Vgl. Gasser (2010), S. 110.

[99] Vgl. Maurer (2006), S. 124.

[100] Vgl. Klett und Pivernetz (2010), S. 35.

[101] Vgl. Nastasiea und Mironeasa (2016), S. 47; Egert et al. (2008), S. 239; Hachtel et al. (2016), S. 772.

[102] Vgl. Horváth et al. (2020), S. 308; Nastasiea und Mironeasa (2016), S. 47.

[103] Vgl. Hubert (2019), S. 111.

Finanzkennzahlen

Das oberste Unternehmensziel, die Existenzsicherung, ist nur durch eine stete Aufrechterhaltung der Zahlungsbereitschaft zu erreichen.[104] Deshalb ist nachvollzieh-
bar, warum Unternehmer ihr Hauptaugenmerk primär auf finanzielle Kennzahlen
richten.[105] Gerade mit der Einführung von Basel II und den Ratingverfahren bei der
Kreditvergabe bleiben Finanzkennzahlen im Fokus der Unternehmer.[106] Aufgrund
der Vielzahl vorhandener Finanzkennzahlen sollen hier nur ausgewählte Kennzahlen vorgestellt werden, auf welche Banken und Kreditinstitute oftmals ihren Fokus
neben Gewinn- und Umsatzwachstum legen:[107]

$$\text{Eigenkapitalquote} = \frac{\text{Eigenkapital}}{\text{Gesamtkapital}}$$

Die **Eigenkapitalquote** gibt die finanzielle Unabhängigkeit eines Unternehmens
an. Je höher sie ist, desto geringer ist die Gefahr einer Zahlungsunfähigkeit und
desto niedriger ist das Risiko für (potenzielle) Fremdkapitalgeber.[108]

$$\text{Umsatzrentabilität} = \frac{\text{Jahresüberschuss}}{\text{Umsatzerlöse}}$$

Mittels der **Umsatzrentabilität** wird aufgezeigt, wie hoch der Gewinnanteil am
Umsatz des Unternehmens ist. Eine sinkende Umsatzrentabilität kann ein Indiz
für steigende Kosten sein.[109] Wie auch die Deckungsbeitragsrechnung kann die
Umsatzrentabilität einen ersten Hinweis auf mögliche Preisnachlässe geben. In
Abschn. 3.2.2 wurde bereits dargestellt, dass dies zu einem positiven Beitrag im
Preiskampf mit der Konkurrenz führen kann.[110]

$$\text{Gesamtkapitalrentabilität} = \frac{\text{Jahresüberschuss} + \text{Fremdkapitalzins}}{\text{Gesamtkapital}}$$

Die **Gesamtkapitalrentabilität** gibt die Verzinsung des gesamten Unternehmens-
kapitals durch den eigentlichen Geschäftsbetrieb an. Liegt diese höher als der

---

[104] Vgl. Georg (2021), S. 103.
[105] Vgl. Kosmider (1991), S. 106.
[106] Vgl. Berens et al. (2005), S. 186.
[107] Vgl. Schomaker und Günther (2006), S. 234.
[108] Vgl. Hubert (2019), S. 107; Klett und Pivernetz (2010), S. 47.
[109] Vgl. Klett und Pivernetz (2010), S. 35 f.; Hubert (2019), S. 110.
[110] Vgl. Klett und Pivernetz (2010), S. 181.

marktübliche Zinssatz für Fremdkapital, so ist dies ein Indiz dafür, dass die Unternehmung ihren Zinszahlungen nachkommen kann.[111]

Der große Nachteil bei der Verwendung von Finanzkennzahlen liegt darin, dass ihre Daten zumeist aus der Gewinn- und Verlustrechnung sowie der Unternehmensbilanz stammen. Diese werden jedoch gerade im Mittelstand nicht monatlich, sondern stichtagbezogen zum Ende des Geschäftsjahres aufgestellt. Folglich handelt es sich um vergangenheitsbezogene Daten, welchen eher ein Informations- als ein Steuerungscharakter zukommt. Somit wäre ratsam, dass die wichtigsten Daten in einer separaten Monatsaufstellung erfasst werden, was jedoch wiederum personelle und finanzielle Ressourcen bindet.[112] Teilweise veröffentlichen Betriebe der Luftfahrt dennoch regelmäßig aktuelle Werte ihrer Finanzkennzahlen.[113]

Auch die Aussagekraft bei Betriebsvergleichen ist kritisch zu betrachten, da unterschiedliche Rechnungslegungsstandards oder Bewertungs- und Abschreibungsmethoden die Bilanz beeinflussen. Anstatt Flugzeuge zu kaufen, können diese z. B. geleast und somit die Bilanz verkürzt werden. Gerade der internationale Wettbewerb der Luftfahrt erschwert folglich betriebsübergreifende Vergleiche.[114]

Leistungskennzahlen

Nicht-finanzielle Leistungskennzahlen messen die interne Leistungsfähigkeit des Unternehmens und zeigen mögliche Effizienzeinbußen auf.[115] Flugbetriebliche Kennzahlen, wie z. B. die Anzahl der transportierten Passagiere oder die Anzahl der durchgeführten Flüge, sind nur wenige Beispiele zahlreicher möglicher Kennzahlen.[116] In der gängigen Literatur der Luftfahrt werden vor allem folgende Kennzahlen verwendet, welche sich jedoch nicht zwingend für mittelständische Luftfahrtunternehmen eignen:[117]

$$\text{Passagierkilometer} = \text{Passagiere an Bord} \times \text{Flugkilometer}$$

---

[111] Vgl. Klett und Pivernetz (2010), S. 47 ff.; Hummel (1995), S. 75 f.

[112] Vgl. Hummel (1995), S. 69 f.

[113] Beispiele hierzu finden Sie bspw. auf https://www.airliners.de/thema/kennzahlen und auf https://www.wiin-aviation.de/kennzahlen-im-luftverkehr/.

[114] Vgl. Posluschny (2010), S. 26; Klett/Pivernetz (2010), S. 33 ff.

[115] Vgl. Hubert (2019), S. 111 & S. 114.

[116] Vgl. Maurer (2006), S. 123.

[117] Vgl. hierzu und zu den folgenden zwei Absätzen Maurer (2006), S. 126 f.; Hellgren (2010), S. 36 & S. 50.

In üblichen Verkehrsstatistiken wird vor allem die Kennzahl **Passagierkilometer** verwendet. Diese Zahl vernachlässigt jedoch den Umsatz, da sie alle an Bord befindlichen Passagiere berücksichtigt – inklusive Passagiere der günstigeren Tarifklasse sowie eventueller Freiflüge von Mitarbeitern. In der Business Aviation bucht der Kunde jedoch das gesamte Flugzeug unabhängig seiner Auslastung. Folglich ist der Aussagegehalt dieser Kennzahl für mittelständische Luftfahrtunternehmen von geringer Bedeutung.[118]

$$\text{Sitzladefaktor} = \frac{\text{Passagiere an Board} \times \text{Flugkilometer}}{\text{max. mögliche Passagiere an Board} \times \text{Flugkilometer}}$$

Der **Sitzladefaktor** beschreibt die Auslastung eines Flugzeugs einer geflogenen Strecke und gibt das Verhältnis der tatsächlich transportierten zu den maximal möglichen Passagierkilometern an. Gegenüber der reinen Betrachtung der Passagierkilometer zeigt der Sitzladefaktor auf, wie effizient ein Flug durchgeführt wird und gilt so als Schlüsselindikator für die operationelle Leistungsfähigkeit. Allerdings ist der Aussagegehalt abhängig vom jeweiligen Geschäftsmodell. So kann in der Business Aviation wiederum ein Flugzeug mit einer Sitzplatzauslastung von 10 % denselben Ertrag erbringen wie mit einer Auslastung von 100 %, da der Kunde die gesamte Flugzeugkapazität bucht. Ebenfalls bleibt hierbei auch der Umsatzaspekt unbeachtet.[119]

Um die flugbetriebliche Leistungsfähigkeit in mittelständischen Luftfahrtunternehmen zu messen, könnte sich daher die folgende Kennzahl eignen:

$$\text{Flugzeugauslastung} = \frac{\text{geflogene Flugtage/-stunden}}{\text{max. mögliche Flugtage/-stunden}}$$

Die **Flugzeugauslastung** gibt an, wie effizient die Flugzeuge ausgelastet wurden und misst entsprechend also auch die Leistung des Vertriebs. Für die Nennergröße, die maximal mögliche Flugzeugauslastung, müssen geplante und ungeplante Stillstandzeiten der Flugzeuge beachtet werden. Diese können u. a. durch Wartungsarbeiten der Flugzeuge oder Ruhezeiten der Piloten entstehen.[120] Dies stellt mittelständische Luftfahrtunternehmen jedoch vor eine große Herausforderung, da gerade die jeweiligen Ruhezeiten der Flugzeugbesatzungen je nach Standort und vorangegangene Dienstzeit variieren.[121] Da sich in der Business Aviation der

---

[118] Vgl. Conrady/Fichert/Sterzenbach (2019), S. 224.

[119] Vgl. Conrady et al. (2019), S. 224.; Flughafenverband ADV (o.J), Onlinequelle.

[120] Vgl. Gasser (2010), S. 111 & S. 118.

[121] Vgl. Conrady et al. (2019), S. 146 ff.

Verkaufspreis nicht nach Tagen, sondern Flugstunden berechnet, ist es hierbei sinn-
voller, die Flugzeugauslastung nach Stunden zu betrachten, um die Erlösseite zu
involvieren.[122]

$$\text{Angebotserfolgsquote} = \frac{\text{Anzahl Angebote}}{\text{Anzahl Aufträge}}$$

Der **Angebotserfolg** zeigt auf, wie viele Angebote durchschnittlich abgegeben werden, um einen Auftrag zu erhalten. Der Angebotserfolg ist dabei sowohl von der
Aktivität der Verkaufsabteilung, vom Preis als auch von der Kundenzufriedenheit
abhängig. Mittelständische Luftfahrtunternehmen können die Erfolgsquote z. B.
nach Kunden gliedern. Ein hoher Wert besagt, dass der Kunde selten bucht. Dies
kann ein Indiz für zu hohe Preise oder geringe Kundenzufriedenheit sein und bedarf
näherer Betrachtung. Um personelle Ressourcen zu sparen, sollte zudem überlegt
werden, ob ein Kunde mit einem hohen Wert weiterhin in der Kundenkartei geführt
werden sollte.[123] Dagegen deutet eine Angebotserfolgsquote von eins darauf hin,
dass die verlangten Preise zu gering sind, weil es typisch ist, dass nicht jedes Angebot
vom Kunden akzeptiert wird.

Der Bundesverband der deutschen Luftverkehrswirtschaft stellt im Rahmen des
„Dashboard – Kennzahlen zum Luftverkehr" weitere leistungsbezogene Kennzahlen zur Verfügung.[124]

Qualitätskennzahlen
Steigender Wettbewerb veranlasst Unternehmen, zunehmend Kunden an sich zu
binden, wofür jedoch zufriedene Kunden nötig sind. Hierunter fallen neben einer
Preiszufriedenheit vor allem auch die Zufriedenheit mit dem angebotenen Service,
um sich von der Konkurrenz abzuheben.[125] Entsprechend rücken qualitätsbezo-
gene Kennzahlen in den Vordergrund. Dabei kann die Kundenzufriedenheit mittels
direkter **Kundenbefragungen** gemessen werden.[126] Aufgrund des speziellen Kun-
densektors in der Business Aviation wird dies vom Kunden möglicherweise als
störend empfunden, sodass die Messung der Kundenzufriedenheit und Service-
qualität über indirekte Messzahlen erfolgen sollten.[127] So kann beispielsweise
die **Kundentreue** im Sinne einer Wiederbuchungsrate von Kunden Aufschluss

---

[122] Vgl. Conrady et al. (2019), S. 255.

[123] Vgl. Hubert (2019), S. 111.

[124] Vgl. BDL (2021), Onlinequelle.

[125] Vgl. Linz et al. (2011), S. 19; Pompl (2007), S. 43 ff. & S. 89.

[126] Vgl. Georg (2021), S. 98 f.

[127] Vgl. Pompl (2007), S. 89; Maurer (2006), S. 125.

über deren Zufriedenheit geben. Schließlich wird meist nur ein zufriedener Kunde denselben Service erneut buchen.[128]

Des Weiteren hat für Kunden die Zuverlässigkeit des Luftfahrtunternehmens eine hohe Bedeutung, die sich vor allem in deren Pünktlichkeit widerspiegelt. Folglich kann die **Verspätung** einzelner Flüge als weitere Kennzahl dienen. Als Messzeitpunkt empfiehlt sich dabei die sogenannte On-Block-Zeit, welche die Andockzeit am Zielflughafen darstellt, zu der der Passagier das Flugzeug verlassen kann:[129]

$$\text{Verspätung} = \text{Tatsächliche On-Block-Zeit} - \text{Geplante On-Block-Zeit}$$

Neben der Verspätung in Minuten sollte zudem ein Verspätungsgrund dokumentiert werden, denn auf z. B. schlechtes Wetter hat der Flugbetrieb keinen Einfluss, was wiederrum auch nicht als Qualitätseinbuße gelten sollte.

Letztendlich ist der Einsatz von Kennzahlen auch für mittelständische Luftfahrtunternehmen unverzichtbar, da sie sowohl die Transparenz als auch die Entscheidungsqualität verbessern. Dabei sollten neben finanziellen vor allem auch nicht-finanzielle Kennzahlen Anwendung finden. Dies stellt gerade KMU vor verschiedene Herausforderungen, da ihnen meist ein tiefgründiges Verständnis fürs Qualitätsmanagement fehlt. Letztendlich bedarf es hierzu (auch um ein allgemeines Verständnis zur Interpretation von Kennzahlen zu schaffen) geeignete Schulungsmaßnahmen. Des Weiteren sollten Kennzahlen individuell an das jeweilige Unternehmen angepasst werden.[130]

---

[128] Vgl. Nastasiea und Mironeasa (2016), S. 49.

[129] Vgl. hierzu und folgend Sheehan (2003), S. 2.16 ff. & S. 4.35; Pompl (2007), S. 89; Conrady et al. (2019), S. 315.

[130] Vgl. Nastasiea und Mironeasa (2016), S. 51; Ossadnik et al. (2010), S. 157.

Fazit und Ausblick

4

Zusammenfassend ist festzustellen, dass Controlling in mittelständischen Unternehmen bereits weit verbreitet ist, die jeweiligen Instrumente dennoch individuell an die Unternehmensumstände angepasst werden müssen. Da der Begriff „mittelständische Luftfahrtunternehmen" jedoch sehr speziell ist, hat sich die aktuelle Forschung zum Controlling mit diesem Bereich eher selten beschäftigt. Dagegen hat sich die vorliegende Studie dieser Forschungslücke gewidmet und hatte zum Ziel, kritisch zu hinterfragen, ob Controllinginstrumente auch in mittelständischen Luftfahrtunternehmen eine nützliche Anwendung finden können. Hierzu wurden ausgewählte Instrumente konzeptionell vorgestellt und anschließend anhand der jeweiligen Charakteristika von Luftfahrt- und mittelständischen Unternehmen analysiert.

Kennzahlen und Deckungsbeitragsrechnung, welche in KMU bereits eine weite Verbreitung besitzen, eignen sich demnach auch für mittelständische Luftfahrtunternehmen. Allerdings muss bei beiden Instrumenten beachtet werden, dass keine bloße Übernahme der Instrumente aus den Lehrbüchern erfolgen kann. Es bedarf durchweg einer individuellen Anpassung an die jeweiligen Gegebenheiten des Luftfahrtunternehmens. Ebenfalls braucht die Anwendung der Instrumente ein gewisses Maß an konzeptionellem Verständnis. Gerade bei der Interpretation der Ergebnisse sollen Entscheidungen nicht nur anhand eines Instruments erfolgen, da Fehlinterpretationen möglich sind und falsche Datenerhebungen zu Fehlentscheidungen führen können. Folglich sollen die Instrumente einen ersten Anhaltspunkt für Verbesserungen in der Unternehmung geben und weitere Analysen anregen.

Das Revenue Management, welches heutzutage in großen Airlines nicht mehr wegzudenken ist, eignet sich dagegen nicht für die Anwendung in mittelständischen Luftfahruntenehmen. Sowohl das Geschäftsmodell der Business Aviation als auch die Ressourcenbeschränkungen in KMU sprechen gegen die Nutzung des klassischen Revenue Managements. In dieser Studie wurden allerdings Alternativen vorgestellt, wie dennoch eine Optimierung der Deckungsbeiträge auch in mittelständischen Luftfahrtunternehmen erfolgen kann. So können Maßnahmen durchgeführt werden, um die für die Business Aviation typischen Leerflüge zu minimieren. Dies spiegelt sich in einer Verringerung der Kosten sowie in einer Verbesserung der Preiskalkulation wider. Allerdings ist hierfür ein gewisses betriebswirtschaftliches Verständnis der Mitarbeiter nötig, was möglicherweise erst durch Personalschulungen entwickelt werden kann.

Da sich Controllinginstrumente durchaus für mittelständische Luftfahrunternehmen eignen, erscheint es sinnvoll, wenn sich die weiterführende Forschung damit beschäftigt, wie ausgewählte Controllinginstrumente in der Unternehmenspraxis konkret umgesetzt werden. Insbesondere Empfehlungen hinsichtlich der Anpassung von Instrumenten an die jeweiligen Unternehmensgrößen und Branchenverhältnisse leisten einen wertvollen Beitrag, damit das Controlling auch in mittelständischen Luftfahrtunternehmen eine erfolgreiche Anwendung finden kann.

Was Sie aus diesem *essential* mitnehmen können

- Das unternehmerische Controlling ist auch für mittelständische Luftfahrtunternehmen unverzichtbar.
- Gerade kleine und mittlere Unternehmen sind durch Ressourcenbeschränkungen stark in ihren Möglichkeiten bezüglich des Einsatzes des Controllings beschränkt.
- Viele Controllinginstrumente müssen auf die jeweilige Situation des Unternehmens angepasst werden.
- Kennzahlensysteme und die Deckungsbeitragsrechnung lassen sich gut auf die Bedürfnisse mittelständischer Luftfahrtunternehmen zuschneiden.
- Das Revenue Management großer Airlines ist nur schwierig auf das Segment Business Aviation übertragbar.

© Der/die Herausgeber bzw. der/die Autor(en), exklusiv lizenziert an Springer   45
Fachmedien Wiesbaden GmbH, ein Teil von Springer Nature 2022
E. Dietrich und S. Georg, *Controlling in der Luftfahrt*, essentials,
https://doi.org/10.1007/978-3-658-38488-3

Literatur

Amat, J./Carmona, S./Roberts, H. (**1994**): Context and change in management accounting systems: A spanish case study, in: Management Accounting Research, Vol. 5 (2), S. 107–122.

Armitage, H./Webb, A./Glynn, J. (**2016**): The use of management accounting techniques by small and medium-sized enterprises: A field study of canadian and australian practice, in: Accounting Perspectives, Vol. 15 (1), S. 31–69.

Baltzer, B. (**2016**): Controlling-Instrumente in der Unternehmenspraxis, in: Becker, W./Ulrich, P. (Hrsg.), Handbuch Controlling, 1. Auflage, Wiesbaden, S. 97–122.

BDL (**2021**): Dashboard – Kennzahlen zum Luftverkehr, https://www.bdl.aero/de/publik ation/dashboard-luftverkehr/, letzter Zugriff am 09.12.2021.

Becker, W./Ulrich, P. (**2009**): Spezifika des Controllings im Mittelstand – Ergebnisse einer Interviewaktion, in: Zeitschrift für Controlling und Management, Jg. 53, Heft 5, S. 308–316.

Becker, W./Ulrich, P. (**2011**): Mittelstandsforschung, 1. Auflage, Stuttgart.

Becker, W./Ulrich, P. (**2016a**): Einführung in das Controlling, in: Becker, W./Ulrich, P. (Hrsg.), Handbuch Controlling, 1. Auflage, Wiesbaden, S. 3–5.

Becker, W./Ulrich, P. (**2016**): Handbuch Controlling, 1. Auflage, Wiesbaden.

Becker, W./Ulrich, P. (**2017**): Controlling in mittelständischen Unternehmen – konzeptionelle Erfordernisse und empirische Befunde, in: Müller, D. (Hrsg.), Controlling für kleine und mittlere Unternehmen, 2. Auflage, Berlin/Boston, S. 87–109.

Becker, W./Ulrich, P./Botzkowski, T. (**2016**): Controlling im Mittelstand, in: Becker, W./Ulrich, P. (Hrsg.), Handbuch Controlling, 1. Auflage, Wiesbaden, S. 583–604.

Behr, P./Fischer, J. (**2005**): Basel II und Controlling, 1. Auflage, Wiesbaden.

Belobaba, P. (**1987**): Survey paper – Airline yield management an overview of seat inventory control, in: Transportation Science, Vol. 21 (2), S. 63–73.

Belobaba, P./Wilson, J. (**1997**): Impacts of yield management in competitive airline markets, in: Journal of Air Transport Management, Vol. 3 (1), S. 3–9.

Berens, W./Püthe, T./Siemes, A. (**2005**): Ausgestaltung der Controllingsysteme im Mittelstand – Ergebnisse einer Untersuchung, in: Zeitschrift für Controlling und Management, Jg. 49, Heft 3, S. 186–191.

Berndt, R. (**2010**): Erfolgreiches Management, 1. Auflage, Berlin/Heidelberg.

Boyd, E. (**2007**): The future of pricing, 1. Auflage, New York/Hampshire.

Brierley J. (2011): A comparison of the product costing practices of large and small-to medium-sized enterprises: A survey of british manufacturing firms, in: International Journal of Management, Vol. 28 (4), S. 184–195.

Bruhn, M./Stauss, B. (2005a): Dienstleistungscontrolling, 1. Auflage, Wiesbaden.

Bruhn, M./Stauss, B. (2005b): Dienstleistungscontrolling – Einführung in die theoretischen und praktischen Problemstellungen, in: Bruhn, M./Stauss, B. (Hrsg.), Dienstleistungscontrolling, 1. Auflage, Wiesbaden, S. 3–29.

Buchholz, L. (2006): Strategisches Controlling. Grundlagen – Instrumente – Konzepte, 1. Auflage, Wiesbaden.

Byrne, S./Pierce, B. (2007): Towards a more comprehensive understanding of the roles of management accountants, in: European Accounting Review, Vol. 16 (3), S. 469–498.

Conrady, R./Fichert, F./Sterzenbach, R. (2019): Luftverkehr, 6. Auflage, Berlin/Boston.

Davila, A./Foster, G. (2007): Management control systems in early-stage startup companies, in: The Accounting Review, Vol. 82 (4), S. 907–937.

Derfuß, K./Höppe, S. (2018): Marketingcontrolling, in: Littkemann, J./Derfuß, K./Holtrup, M. (Hrsg.), Unternehmenscontrolling, 2. Auflage, Herne, S. 205–321.

Donaghy, K./McMahon, U./McDowell, D. (1995): Yield management: An overview, in International Journal of Hospitality Management, Vol. 14 (2), S. 139–150.

EASA (2012): Acceptable Means of Compliance (AMC) and Guidance Material (GM) to Part-ORO, https://www.easa.europa.eu/document-library/acceptable-means-of-compli ance-and-guidance-materials/part-oro-amc-gm, hrsg. von der European Aviation Safety Agency, letzter Zugriff am 13.06.2021.

EBAA (2020): Business Aviation Traffic Tracker Europe – December 2020, https://www. ebaa.org/resources/european-business-aviation-traffic-tracker-december-2020/, hrsg. von der European Business Aviation Association, letzter Zugriff 22.06.2021.

EBAA (2021): Business Aviation Traffic Tracker Europe – April 2021, https://www.ebaa. org/resources/european-business-aviation-traffic-tracker-april-2021/, hrsg. von der Euro-pean Business Aviation Association, letzter Zugriff 22.06.2021.

Egert, S./Ossadnik, W./Wagner, R. (2008): Spartenorientiertes Management-Informationssystem im mittelständischen Unternehmen, in: Zeitschrift für Controlling und Management, Jg. 52, Heft 4, S. 239–244.

European Commission (2020): Annual report on european SMEs 2018/2019, https://op.eur opa.eu/en/publication-detail/-/publication/b6a34664-335d-11ea-ba6e-01aa75ed71a1/lan guage-en/format-PDF/source-search, hrsg. von der Europäischen Union, letzter Zugriff am 09.06.2021.

Feldbauer-Durstmüller, B./Duller, C./Mayr, S./Neubauer, H./Ulrich, P. (2012): Con-trolling in mittelständischen Familienunternehmen – ein Vergleich von Deutschland und Österreich, in: Zeitschrift für Controlling und Management, Jg. 56, Heft 6, S. 408–413.

Flughafenverband ADV (o.J.): Sitzladefaktor, https://www.adv.aero/randomizer/sitzladef aktor/, letzter Zugriff am 09.12.2021.

Gänßlen, S./Losbichler, H./Niedermayr, R./Rieder, L./Schäffer, U./Weber, J. (2016): Controlling-Philosophie: Leitbild für die Unternehmenspraxis, in: Becker, W./Ulrich, P. (Hrsg.), Handbuch Controlling, 1. Auflage, Wiesbaden, S. 71–78.

Gasser, M. (2010): Sensitivitätsanalysen – Besseres Verständnis der Auswirkungen und des Zusammenhangs kritischer Einflussgrößen auf die Profitabilität kommerzieller Personenluftfahrtunternehmen, in: Berndt, R. (Hrsg.), Erfolgreiches Management, 1. Auflage, Berlin/Heidelberg, S. 107–126.

Georg, S./Trieb, M. (2020): Berufe und Karriere rund ums Flugzeug – mehr als Pilot, Fluglotse und Stewardess, 1. Auflage, Berlin.

Georg, S. (2021): Das Taschenbuch zum Controlling, 2. Auflage, Berlin.

Georg, S. (o.J.a): Streckenergebnisrechnung – Netzergebnisrechnung. Onlinequelle, https://www.wiin-aviation.de/streckenergebnisrechnung-netzergebnisrechnung/, letzter Zugriff am 09.12.2021.

Georg, S. (o.J.b): Revenue Management. Onlinequelle, https://www.wiin-aviation.de/revenue-management/, letzter Zugriff am 23.03.2022.

Georg, S. (o.J.c): Deckungsbeitragsrechnung. Onlinequelle, https://www.wiin-kostenmanagement.de/deckungsbeitragsrechnung/, letzter Zugriff am 23.03.2022.

Georg, S. (o.J.d): Preisgestaltung im Luftverkehr. Onlinequelle, https://www.wiin-aviation.de/preisgestaltung-im-luftverkehr/, letzter Zugriff am 18.03.2022.

Gul, F. (1991): The effects of management accounting systems and environmental uncertainty on small business managers' performance, in: Accounting and Business Research, Vol. 22 (85), S. 57–61.

Hachtel, D./Knauer, T./Schwering, A. (2016): Status quo und Implementierung von Controlling-Instrumenten im Mittelstand, in: Controlling, Jg. 28, Heft 12, S. 771–777.

Halabi, A./Barrett, R./Dyt, R. (2010): Understanding financial information used to assess small firm performance – An australian qualitative study, in: Qualitative Research in Accounting & Management, Vol. 7 (2), S. 163–179.

Halfmann, M. (2018): Marketing-Controlling, 1. Auflage, Wiesbaden.

Hamzaee, R./Vasigh, B. (1997): An applied model of airline revenue management, in: Journal of Travel Research, Vol. 35 (4), S. 64–68.

Hartmann, M./Schönherr, M. (2015): Kennzahlen: Mit den richtigen KPIs bleibt der Mittelstand auf Erfolgskurs, in: Klein, A. (Hrsg.), Controlling – Best Practices im Mittelstand, 1. Auflage, München, S. 37–54.

Hegglin, A./Kaufmann, H. (2003): Controlling in KMU, in: Der Schweizer Treuhänder, Jg. 2003, Heft 5, S. 359–368.

Hellgren, P. (2010): 100 Luftfahrtkennzahlen, 1. Auflage, Wiesbaden.

Hoberg, P. (2008): Yield Management aus betriebswirtschaftlicher Sicht, in: Controller Magazin, Jg. 33, Heft 5, S. 58–63.

Horváth, P./David, U. (2016): Koordinationskonzeption des Controllings in der Praxis, in: Becker, W./Ulrich, P. (Hrsg.), Handbuch Controlling, 1. Auflage, Wiesbaden, S. 45–70.

Horváth, P./Gleich, R./Seiter, M. (2020): Controlling, 14. Auflage, München.

Hubert, B. (2019): Grundlagen des operativen und strategischen Controllings, 2. Auflage, Wiesbaden.

Hudson, M./Smart, A./Bourne, M. (2001): Theory and practice in SME performance measurement systems, in: International Journal of Operations & Production Management, S. 1096–1115.

Hummel, T. (1995): Controlling, 1. Auflage, Heidelberg.

IATA **(2014):** Airline Cost Management Group (ACMG) Report FY2013 – Enhanced Version, https://www.iata.org/programs/workgroups/documents/ACMG/ACMG_R eport_FY2013_Enhanced_Version_restricted_public.pdf, hrsg. von der International Air Transport Association (IATA) – Airline Cost Management Group, letzter Zugriff 15.06.2021.

Imhof, H. (2012): Revenue Management und dynamische Preissteuerung in der Autovermietung, in: Controlling, Jg. 24, Heft 11, S. 617–621.

Institut für Mittelstandsforschung Bonn (o. J. a): Mittelstand im Überblick – Volkswirtschaftliche Bedeutung der KMU, https://www.ifm-bonn.org/statistiken/mittelstand-im-ueberblick/volkswirtschaftliche-bedeutung-der-kmu/deutschland, hrsg. von dem Institut für Mittelstandsforschung Bonn, letzter Zugriff am 09.06.2021.

Institut für Mittelstandsforschung Bonn (o. J. b): KMU-Definition des IfM Bonn, https://www.ifm-bonn.org/definitionen-/kmu-definition-des-ifm-bonn, hrsg. von dem Institut für Mittelstandsforschung Bonn, letzter Zugriff am 09.06.2021.

Institut für Mittelstandsforschung Bonn (o. J. c): Mittelstand im Überblick – Kennzahlen der KMU, https://www.ifm-bonn.org/statistiken/mittelstand-im-ueberblick/kennzahlen-der-kmu-nach-definition-des-ifm-bonn/kennzahlen-deutschland, hrsg. von dem Institut für Mittelstandsforschung Bonn, letzter Zugriff am 09.06.2021.

Jacobs, J./Goebel, B. (2020): The business aviation industry: growth, contraction and cosolidation, in: Business Economics, Vol. 55 (1), S. 53–61.

Jacobs, J./Letmathe, P./Urigshardt, T./Zielinski, M. (2017): Typologiebezogene Controllinganforderungen und -instrumente von kleinen und mittleren Unternehmen des produzierenden Gewerbes, in: Müller, D. (Hrsg.), Controlling für kleine und mittlere Unternehmen, 2. Auflage, Berlin/Boston, S. 34–61.

Jänkälä, S./Silvola, H. (2012): Lagging effects of the use of activity-based costing on the financial performance of small firms, in: Journal of Small Business Management, Jg. 50 (3), S. 498–523.

Jonen, A./Lingnau, V. (2007): Das real existierende Phänomen Controlling und seine Instrumente – Eine kognitionsorientierte Analyse, https://luc.wiwi.uni-kl.de/forschung/controlling-forschung/, hrsg. von Volker Lingnau, letzter Zugriff am 11.06.2021.

Jones, T./Atkinson, H./Lorenz, A./Harris P. (2012): Strategic managerial accounting, 6. Auflage, Oxford.

Kimes, S. (1989): Yield management: A toll for capacity-constrained service firms, in: Journal of Operations Management, Vol. 8 (4), S. 348–363.

Klein, A. (2015): Controlling – Best Practices im Mittelstand, 1. Auflage, München.

Klett, C./Pivernetz, M. (2010): Controlling in kleinen und mittleren Unternehmen, 4. Auflage, Herne/Berlin.

Kober, R./Subraamanniam, T./Watson, J. (2012): The impact of total quality management adoption on small and medium enterprises' financial performance, in: Accounting and Finance, Vol. 52 (2), S. 421–438.

Kosmider, A. (1991): Controlling im Mittelstand, 1. Auflage, Stuttgart.

Kummert B. (2005): Controlling in kleinen und mittleren Unternehmen, 1. Auflage, Wiesbaden.

Lingnau, V./Seewald, Y. (2017): Perspektiven eines verhaltensorientierten Controllings für KMU, in: Müller, D. (Hrsg.), Controlling für kleine und mittlere Unternehmen, 2. Auflage, Berlin/Boston, S. 62–86.

Linz, M./Ziegler, Y./Lang, K. (2011): The european business aviation industry – status quo and future projections, in: Aeronautica Vol. 1 (2), S. 6–32.

Littkemann, J. (2018): Grundlagen des Controllings, in: Littkemann, J./Derfuß, K./Holtrup, M. (Hrsg.), Unternehmenscontrolling, 2. Auflage, Herne, S. 1–51.

Littkemann, J./Derfuß, K./Holtrup, M. (2018): Unternehmenscontrolling, 2. Auflage, Herne.

Littkemann, J./Reinbacher, P./Baranowski, M. (2012): Controlling in mittelständischen Unternehmen: Stand der empirischen Forschung, in: Controlling, Jg. 24, Heft 1, S. 47–53.

López, O./Hiebl, M. (2015): Management accounting in small and medium-sized enterprises: Current knowledge and avenues for further research, in: Journal of Management Accounting Research, Vol. 27 (1), S. 81–119.

Lybaert, N. (1998): The information use in a SME: Its Importance and some elements of influence, in: Small Business Economics Vol. 10; S. 171–191.

Mäder, O./Hirsch, B. (2017): Streben nach Transparenz – Die zentrale Controllingaufgabe in KMU, in: Müller, D. (Hrsg.), Controlling für kleine und mittlere Unternehmen, 2. Auflage, Berlin/Boston, S. 87–109.

Marc, M./Peljhan, D./Ponikvar, N./Sobota, A./Tekavcic, M. (2010): Determinants of integrated performance measurement systems usage: An empirical study, in: Journal of Applied Business Research, Vol. 26 (5), S. 598–609.

Maurer, P. (2006): Luftverkehrsmanagement, 4. Auflage, München.

Moisello, A./Mella, P. (2020): Matching revenues and costs: The counter-intuitive rationality of direct costing, in: International Journal of Business and Management, Vol. 15 (1), S. 202–222.

Müller, D. (2017): Controlling für kleine und mittlere Unternehmen, 2. Auflage, Berlin/Boston.

Müller, M./Georg, S. (2020): Nachhaltigkeit in der Luftfahrt, 1. Auflage, Berlin.

Nastasiea, M./Mironeasa, C. (2016): Key performance indicators in small and medium sized enterprises, in: TEHNOMUS – New Technologies and Products in Machine Manufacturing Technologies, Vol. 23, S. 46–53.

NBAA (2015): Business Aviation Fact Book, https://nbaa.org/business-aviation/nbaa-business-aviation-fact-book/, hrsg. von der National Business Aviation Association, letzter Zugriff am 10.06.2021.

Neilsen, O. (1954): Direct costing – The case „for", in: The Accounting Review, Vol. 29 (1), S. 89–93.

Neubauer, H./Mayr, S./Feldbauer-Durstmüller, B./Duller, C. (2012): Management accounting systems and institutionalization in medium-sized and large family businesses – empirical evidence from germany and austria, in: European Journal of Management, Vol. 12 (2), S. 41–60.

Ng, F./Harrison, J./Akroyd, C. (2013): A revenue management perspective of management accounting practice in small businesses, in: Meditari Accountancy Research, Vol. 21 (2), S. 92–116.

Ossadnik, W./van Lengerich, E./Barklage, D. (2010): Controlling mittelständischer Unternehmen, 1. Auflage, Berlin/Heidelberg.

Pavlak, M./Premysl, P. (2020): Strategic management controlling system and its importance for SMEs in the EU, in: Problems and Perspectives in Management, Vol. 18 (3), S. 362–372.

Pazourek, M. (2011): Business aviation in europe, in: Perner's Contacts, Vol. 6 (5), S. 236–243.

Pazourek, M./Václavík V. (2017): Assessment of business aviation OCCs' capacity issues, in: Procedia Engineering, Vol. 187, S. 46–52.

Peel, M./Bridge, J. (1998): How planning and capital budgeting improve SME performance, in: Long Range Planning, Vol. 31 (6), S. 848–856.

Pelz, M. (2019): Can management accounting be helpful for young and small companies? Systematic review of a paradox, in: International Journal of Management Reviews, Vol. 21, S. 256–274.

Pfohl, H. (2013a): Abgrenzung der Klein- und Mittelbetriebe von Großbetrieben, in: Pfohl, H. (Hrsg.), Betriebswirtschaftslehre der Mittel- und Kleinbetriebe, 5. Auflage, Berlin, S. 1–26.

Pfohl, H. (2013): Betriebswirtschaftslehre der Mittel- und Kleinbetriebe, 5. Auflage, Berlin.

Pompl, W. (2007): Luftverkehr, 5. Auflage, Berlin/Heidelberg.

Posluschny, P. (2010): Basiswissen Mittelstandscontrolling, 2. Auflage, München.

Rech, S. (2020): Dienstleistungscontrolling, 1. Auflage, Wiesbaden.

Reinecke, S./Geis, G. (2005): Kennzahlengestütztes Marketingcontrolling in Dienstleistungsunternehmen, in: Bruhn, M./Stauss, B. (Hrsg.), Dienstleistungscontrolling, 1. Auflage, Wiesbaden, S. 395–412.

Rieder, L./Berger-Vogel, M. (2008): Echte Deckungsbeitragsrechnung contra Ergebnisrechnung nach IFRS, in: Controller-Magazin, Jg. 33, Heft 1, S. 24–34.

Schomaker, M./Günther, T. (2006): Wertorientiertes Management für den Mittelstand, in: Schweickart, N./Töpfer, A. (Hrsg.), Wertorientiertes Management, 1. Auflage, Berlin/Heidelberg, S. 215–237.

Schön, D. (2016): Planung und Reporting, 2. Auflage, Wiesbaden.

Schweickart, N./Töpfer, A. (2006): Wertorientiertes Management, 1. Auflage, Berlin/Heidelberg.

Sesler, R./Georg, S. (2020): Innovatives Controlling – die 5 wichtigsten Trends, 1. Auflage,

Sheehan, J. (2003): Business and corporate aviation management, 1. Auflage, New York.

Shields, J. (2005): Revenue management: A strategy for increasing sales revenue in small businesses, in: Journal of Small Business Strategy, Vol. 16 (2), S. 43–53.

Siegwart, H. (1992): Kennzahlen für die Unternehmungsführung, 4. Auflage, Bern/Stuttgart/Wien.

Smith, B./Leimkuhler, J./Darrow, R. (1992): Yield management at American Airlines, in: INFORMS Journal on Applied Analytics, Vol. 22 (1), S. 8–31.

Sousa, S./Aspinwall, E./Sampaio, P./Rodrigues, A. (2005): Performance measures and quality tools in portuguese small and medium enterprises: Survey results, in: Total Quality Management, Vol. 16 (2), S. 277–307.

Statista (2021): Umsatz der deutschen Luftfahrunternehmen nach Personenbeförderung und Güterbeförderung in den Jahren 2009 bis 2019, https://de.statista.com/statistik/daten/stu die/150087/umfrage/umsatz-der-deutschen-luftfahrtunternehmen-nach-art-der-befoerder ung/#statisticContainer, hrsg. von Statista, letzter Zugriff am 09.06.2021.

Thießen, F. (2020): Der Luftverkehr und seine Subventionen, 1. Auflage, Wiesbaden.

Thomsen, J. (2008): Processes of localization and institutionalization of local managers in economic functions in danish owned subsidiaries in estonia, latvia and lithuania around the 21st century, in: Journal of Business Economics and Management, Vol. 9 (4), S. 279–287.

Vasigh, B./Fleming, K./Tacker, T. (2008): Introduction to Air Transport Economics, 1. Auflage, Aldershot.

Villarmois, O./Levant, Y. (2011): From adoption to use of a management control tool – Case study evidence of a costing method, in: Journal of Applied Accounting, Vol. 12 (3), S. 234–259.

Weber, J./Schäffer, U. (2020): Einführung in das Controlling, 16. Auflage, Stuttgart.

Weiermair, K./Peters, M. (2005): Kapazitätsauslastungs- und Ertragscontrolling von touristischen Dienstleistungen durch das Yield Management, in: Bruhn, M./Stauss, B. (Hrsg.), Dienstleistungscontrolling, 1. Auflage, Wiesbaden, S. 395–412.

Zerres, C. (2017): Handbuch Marketing-Controlling, 4. Auflage, Berlin.

Zerres, C./Zerres, M. (2017): Einführung in das Marketing-Controlling, in: Zerres, C. (Hrsg.), Handbuch Marketing-Controlling, 4. Auflage, Berlin, S. 3–13.

Zimmermann, C. (2001): Controlling in international tätigen mittelständischen Unternehmen, 1. Auflage, Wiesbaden.

Gesetzesverzeichnis

Empfehlung der EU-Kommission vom 6. Mai 2003, betreffend die Definition der Kleinstunternehmen sowie der kleinen und mittleren Unternehmen (Bekannt gegeben unter Aktenzeichen K(2003) 1422) – (2003/361/EG).

Handelsgesetzbuch (HGB) vom 10. Mai 1897 (RGBl. S. 219), zuletzt geändert durch Art. 7 Abs. 2 G zur Umsetzung der RL (EU) 2019/2034 über die Beaufsichtigung von Wertpapierinstituten vom 12.5.2021 (BGBl. I S. 990).

Verordnung (EG) Nr. 437/2003 des europäischen Parlaments und des Rates vom 27. Februar 2003, über die statistische Erfassung der Beförderung von Fluggästen, Fracht und Post im Luftverkehr.

Verordnung (EG) Nr. 1008/2008 des europäischen Parlaments und des Rates vom 24. September 2008, über gemeinsame Vorschriften für die Durchführung von Luftverkehrsdiensten in der Gemeinschaft (Neufassung).

Verordnung (EU) Nr. 1178/2011 der Kommission vom 3. November 2001, zur Festlegung technischer Vorschriften und von Verwaltungsverfahren in Bezug auf das fliegende Personal in der Zivilluftfahrt gemäß der Verordnung (EG) Nr. 216/2008 des Europäischen Parlaments und des Rates.

Verordnung (EU) Nr. 965/2012 der Kommission vom 5. Oktober 2012, zur Festlegung technischer Vorschriften und von Verwaltungsverfahren in Bezug auf den Flugbetrieb gemäß der Verordnung (EG) Nr. 216/2008 des Europäischen Parlaments und des Rates (ABl. L 296 vom 25.10.2012, S. 1).

Printed in the United States
by Baker & Taylor Publisher Services